AR效果更真实　　与动物近距离互动

动物大百科

余大为　韩雨江　李宏蕾◎主编

吉林科学技术出版社

软件操作说明

下载"AR 动物世界大揭秘"互动 App，根据屏幕上的提示，进入 App 内开始科普互动。

图书中带有扫一扫标识的页面，通过 App 扫描后就会有扩展的 AR 科普互动。

将图书平摊放置，打开 AR 互动 App，使用摄像头对准图书中的动物，调整图书在屏幕上的大小，以便达到更好的识别效果。

在可见的区域内，进行远近距离的调整，能够多角度地观察 AR 所呈现的立体效果。

选择 App 内的系统提示按钮，能够呈现行走、习性等功能，每种功能按钮都会带来不一样的体验乐趣。

在这广袤无垠的大自然中生活着各种各样的动物，本书以生动的语言对动物们进行了有针对性的讲解。我们将带领读者穿越亚、欧、非大陆，看看老虎和狮子是如何称霸一方的；一起走进神秘的亚马孙丛林，探索那些未知的生命；一起潜入深邃的海洋，找寻海洋生物的秘密；一起飞向广阔的天空，探索鸟类的生存手段；一起去看四面环海的澳大利亚还生存着哪些古老的生物。

本书配有精美的 3D 图像对动物进行全面展示，并通过 AR 技术将平面立体化，让动物在书本中动起来，打造不一样的视觉盛宴，方便读者用手指与神奇的动物亲密接触。

让我们翻开书，一起走进精彩的动物世界吧！

目 录 | CONTENTS

目 录 | CONTENTS

哺乳动物

狼

团队协作的猎手

狼族社会的秘密

狼之所以能够在生存竞争中获得胜利，是因为它们有着自己独特的社会体系。狼群的等级制度极为严格。家族式的狼群通常由优秀的狼夫妻来领导，而以兄弟姐妹组成的狼群则由最强的狼作为头狼。狼群中狼的数量从几只到十几只不等，狼群内部分工明确，拥有严格的领地范围，互相之间一般不会重叠，也不会入侵其他狼群的领地。

狼对大家来说并不陌生，在书本和影视作品中我们都能看到它们的形象。狼有着健壮的身体，长长的尾巴，带趾垫的足和宽大弯曲的嘴巴。狼的耐力很强，奔跑速度极快，攻击力强，总是成群结队地在草原上奔跑。狼是肉食性动物，嘴里长有锋利的犬齿，嗅觉和听觉都非常灵敏，它们不仅喜欢吃羊、鹿等有蹄类动物，对于兔子、老鼠等小型动物也是来者不拒。狼群的分布非常广泛，它们现在主要生活在苔原、草原、森林、荒漠等区域，有时也会进入一些人口密度较小的地区。

狼的嗅觉非
常敏锐。

狼	
体长：105～160 厘米	分类：食肉目犬科
食性：肉食性	特征：有棕色和灰色的皮毛，牙齿非常锋利

狼的耳朵非常
灵敏，能够察觉到
小型猎物的动向。

尾巴的状
态能反映出狼
的情绪。

狼经常用
长啸来与远处
的同伴互相沟
通，这是它们
的标志性行为。

狼成功的秘诀是什么

　　在史前的美洲大陆上，狼曾经与剑齿虎和泰坦鸟等大型掠
食者分庭抗礼。然而体形巨大的剑齿虎和泰坦鸟都灭绝了，狼
却依旧活跃在食物链的顶端。除了对环境变化的适应力，狼的
社会化群体行为和它们团队作战的方式都是它们屹立在食物链
顶端的秘诀。

穿山甲

挖洞的高手

穿山甲

体长：34～92厘米		分类：鳞甲目穿山甲科	
食性：肉食性		特征：全身上下覆盖着鳞片	

穿山甲真的能挖开山吗

穿山甲擅长挖洞，又浑身披满鳞甲，因此被命名为"能穿山的鳞甲动物"。传说中穿山甲可以挖穿山壁，实则不然，它们并没有挖穿山壁的本领。就算是挖洞，它们也会选择土质松软的地方，并不是什么都能挖开的。

穿山甲身材狭长，四肢短粗，嘴又尖又长，从头到尾布满了坚硬厚重的鳞片。穿山甲对自己居住条件的要求非常高，夏天，它们会把家建在通风凉爽、地势偏高的山坡上，避免洞穴进水；到了冬季，它们又会把家建在背风向阳、地势较低的地方。洞内蜿蜒曲折、结构复杂，长度可达10米，途中还会经过白蚁的巢，可以用来作储备"粮仓"，洞穴尽头的"卧室"较为宽敞，还会垫着细软的干草来保暖。

白蚁到底有多好吃

　　白蚁好不好吃，可能只有穿山甲自己才知道。穿山甲的主要食物是白蚁。它们一般会在夜间外出觅食，觅食时，它们将带有黏性唾液的长舌头伸进蚁穴，将白蚁一扫而空。穿山甲是大胃王，它的食量惊人，据记载，一只穿山甲的胃里最多可以容纳 500 克白蚁。

穿山甲的鳞片
像瓦片一样层层叠
叠地覆盖在身上。

幼小的穿山甲通
常会趴在妈妈身上，
跟随妈妈一起行动。

锋利的爪子是它
们"穿山"的工具。

如果遇到危险，
穿山甲会紧紧团成一
个球，来保护自己不
被猎食。

鳞片是它们的护身法宝

　　穿山甲的鳞片由坚硬的角质组成，从头顶到尾巴、从背部到腹部全部长满了如瓦片状厚重坚硬的黑褐色的鳞片。这些鳞片形状不同，大小不一。穿山甲遇到危险时会缩成一团，如果被咬住，它们还会利用肌肉让鳞片进行反复地切割运动。这一锋利的武器会给敌人带来严重的伤害，使其不得不松口放穿山甲逃生。

非洲狮

草原之王

非洲狮	
体长：约300厘米	分类：食肉目猫科
食性：肉食性	特征：身体强壮，雄狮有威风的鬃毛

狮王争夺战

当一只外来的雄狮想要入侵狮群的领地时，狮群的狮王就会将它赶出领地范围。如果新来的雄狮向狮王发起挑战，这两者之间就会爆发激烈的战斗。如果狮王战败，那么它将会被赶出原有的领地，新来的雄狮则会成为新的狮王。

谁才是真正的非洲草原霸主？答案一定是非洲狮了。非洲狮是非洲最大的猫科动物，也是世界上第二大的猫科动物。它们体形健壮，四肢有力，头大而圆，爪子非常锋利并且可以伸缩。在非洲狮面前，大多数肉食动物都处于劣势地位。非洲狮长着发达的犬齿和裂齿，是非洲的顶级掠食者，非洲的绝大多数草食动物都是它们的食物。在狮群中，雌狮主要负责捕猎，雄狮则负责保卫领地。和其他猫科动物一样，它们也喜欢在白天睡觉，虽然强壮的狮子在白天也可以捕捉到猎物，但是清晨和夜间捕猎的成功率会更高。它们一旦填饱肚子，就可以五六天不用再捕食了。在猎物极度匮乏的情况下，狮子也会抢夺其他肉食动物的猎物来充饥。

王者总是孤独的

雄狮宝宝在出生6个月后断奶，但是它们不能马上学习捕食，母狮会将捕来的猎物送到它们嘴边。幼年的雄狮生活幸福，但是两岁后它们会被赶出狮群开始艰苦的独立生活。从此雄狮就要一切靠自己了，它们要努力地磨炼自己，以成为一个新的狮群的狮王。

雌狮负责狩猎和养育后代。

浓密的鬃毛是雄狮的象征，鬃毛会延伸到肩部和胸部。

雄狮是狮群的首领，一个狮群通常有1～2只雄狮作为领袖。

狮子的肌肉非常发达。

勇敢的"女猎手"

在狮子的群体中，狩猎的任务是由雌狮来完成的。雌狮不是单枪匹马地去捕猎，它们通常会组团合作狩猎，从猎物的四周悄悄包围猎物，再一点一点的缩小包围圈，其中有一些雌狮负责驱赶猎物，其他的则等待着伏击。雌狮合作狩猎时的成功概率远远超出其他猫科动物，不愧是狮子中勇敢的"女猎手"。

非洲象

陆地巨无霸

它们通常成群生活，由一头年长的雌象领导象群。

大象的好记性

在大象的脑中存在着与情感和记忆密切相关的海马体，它可以帮助大象把重要信息长期保存。曾有两头大象在同一马戏团表演过，在 23 年之后它们重逢时，竟还都记得彼此的声音。

非洲象

体长：最大可达 410 厘米	分类：长鼻目象科
食性：植食性	特征：有一条长鼻子，耳朵很大

在非洲的大草原上生存着陆地上最大的哺乳动物——非洲象。对于非洲象来说，真正意义上的天敌，除了人类，可能就只有它们自己了。非洲象的体形比亚洲象的体形稍大，有一对扇子般的大耳朵，可以帮它们散发热量。成年雄性非洲象体高可达 4.1 米，体重为 4～5 吨，厚厚的皮肤帮它们抵御了多种恶劣环境的影响，使它们可以生存在海平面到海拔 5000 米的多种自然环境中。一般一个非洲象家族有 20～30 头象，一头年老的雌象是象群中的首领，象群成员大多是雌象的后代。象群成员之间的关系非常亲密，不同象群的成员之间通常也能和谐相处。

大象的鼻子非常灵活，就像人类的手一样。

跳远，太难了

非洲象是现存陆生哺乳动物中体形最大的，刚刚出生的小非洲象就有 109 千克了，成年之后的非洲象会有 4～5 吨重，最重的可达 10 吨。它们身材高大笨重，行动缓慢，粗壮的四肢让它们一辈子都无法跳跃，就连奔跑也很费力，是个十足的"慢性子"。

皮肤既厚实又粗糙。

非洲象无论雌雄都长着象牙。

鼻子都能干些什么

非洲象的鼻子不仅可以用来呼吸、闻气味，还可以用来喝水、抓东西。它们喜欢用鼻子吸水然后喷到身上，给自己洗澡降温。非洲象的鼻子末端有两个敏感的指状突起，而亚洲象只有一个突起，这是这两种象的区别之一。

扫一扫

扫一扫画面，小动物就可以出现啦！

猎豹

短跑健将

在奔跑的时候尾巴能保持身体平衡。

猎豹是陆地上短跑速度最快的哺乳动物。

猎豹的脸上有两条标志性的"泪痕"。

与其他大部分猫科动物不同的是，猎豹的爪子不能缩回去。它们的爪子像钉鞋一样，在高速奔跑的时候可以抓住地面。

　　你知道吗，猎豹是猫科家族的成员，是猫科动物成员中历史最久、最独特和特异化的物种。猎豹世世代代生活在大草原上，被称为非洲草原上"行走的青铜雕像"。之所以拥有这样的美称，是因为猎豹的身材接近于完美的流线型——它们拥有纤细的身体、细长的四肢、浑圆小巧的头部和小小的耳朵。这样灵活轻盈的身材也赋予了它们高速奔跑的能力，猎豹可是世界上短跑速度最快的哺乳动物哦。

扫一扫

扫一扫画面，小动物就可以出现啦！

 ## 无法长跑的短跑健将

　　猎豹为了最大限度地提高奔跑速度，已经将身体进化成了精瘦细长的样子。但也正因为这样，猎豹只能坚持 3 分钟左右的高速奔跑，如果持续奔跑太长的时间，它们很有可能会因为体温过高而死去。因此猎豹的每一次追猎都要非常谨慎才行，如果它们连续失败太多次的话，就很有可能由于没有力气继续捕猎而被饿死。

猎豹	
体长：100 ～ 150 厘米	分类：食肉目猫科
食性：肉食性	特征：身体纤细，奔跑速度极快

 ## 猎豹的尾巴有什么用

　　猎豹的尾巴又粗又长，能够帮助猎豹在高速奔跑的时候保持平衡，使它们在急转弯的时候不会摔倒。

猎豹是哭了吗

　　猎豹与其他豹子最大的区别，就是它们的脸上有两条长长的黑色"泪痕"。这两条"泪痕"的用处可大了，它不仅是猎豹的标志性花纹，还可以帮助它们吸收非洲大草原上刺眼的光线，让它们在正午时分的烈日下也能够清楚地看到远处的猎物。

犀牛

强壮的尖角斗士

粗糙的皮肤能防止蚊虫的叮咬，有的时候犀牛也会在身上滚一层泥巴来阻挡蚊虫。

带来杀身之祸的犀角

一些盗猎者认为出售犀牛角可以获得较高的经济利益，他们不择手段，这让原本就非常稀有的犀牛面临灭绝的危机。其实犀牛角和我们人类的指甲成分差不多，我们国家禁止任何犀牛制品交易。保护动物，保护犀牛，从我们做起吧！

黑犀牛

体长：300～375 厘米	分类：奇蹄目犀科
食性：植食性	特征：头上有两只尖角，嘴巴较尖

传说犀牛的角中心有一线白纹，从角尖直通大脑，感应灵敏，感应灵敏，因此就有了"心有灵犀"这个典故。犀牛是世界上最大的奇蹄目动物，身躯粗壮，腿比较短，眼睛很小，鼻子上方有角，长相奇特。犀牛生活在草地、灌木丛或者沼泽地中，主要以草为食，偶尔也吃水果和掉落的树叶。犀牛通常喜欢单独居住，一头雄犀牛会占有 10 平方千米的领地，雌犀牛和小犀牛不得不穿越好几块被雄性犀牛占领的土地去寻找食物和水源。犀牛虽然皮糙肉厚，但是腰、肩褶皱处的皮肤比较细嫩，容易遭到蚊虫的叮咬。它们身体上常常会有寄生虫，所以在水里打滚儿对犀牛来说是每天必不可少的娱乐和保健项目，这样做不仅可以赶走讨厌的蚊虫，还能让身体保持凉爽。

为什么牛椋鸟对犀牛不离不弃

　　牛椋鸟是犀牛一生的挚友，它们经常相伴而行。因为犀牛身上生有许多寄生虫，这些寄生虫恰好是牛椋鸟的食物，所以牛椋鸟跟着犀牛就永远有享用不尽的美餐。而对于犀牛来说，牛椋鸟既可以帮助它清除寄生虫，还可以在发生危险的时候向它报警，让视力不好的犀牛尽早发现敌人、摆脱危险。

黑犀牛的嘴巴呈尖状，白犀牛的嘴巴则是宽的。

脚上有三个短粗的脚趾，趾甲宽而钝。

大块头跑得很快

　　犀牛的躯体庞大，四肢粗壮笨重，还长着一个大脑袋，全身的皮肤像铠甲一样厚重结实。犀牛是除了大象以外陆地上的第二大陆生生物，尽管它们如此庞大笨重，但仍然能跑得非常快，非洲黑犀牛可以以每小时45千米的速度短距离奔跑。

扫一扫

扫一扫画面，小动物就可以出现啦！

斑马
满身条纹的马

每一匹斑马身上的条纹都是独一无二的。

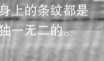

斑马

体长：217～246厘米	分类：奇蹄目马科
食性：植食性	特征：身上有黑白相间的条纹

在不迁徙的时候，斑马通常组成一个小群体生活，迁徙的时候则会汇聚成庞大的群体。

 独一无二的条形码

　　每一匹斑马身上的条纹都是独一无二、不可复制的。小斑马在妈妈肚子里孕育的时候,会遇到各种各样的情况,甚至每个器官发育的情况都会有所不同,因此它们就带着各自独有的标志降生,就像商品的条形码一样。

　　斑马到底是白底黑条纹，还是黑底白条纹？其实斑马的皮肤是黑色的，所以它们是黑底白条纹。正是因为它们身上这黑白相间的条纹，它们才被人类取了斑马这样一个名字。这种动物是由400万年前的原马进化而来的。曾经的斑马条纹并不清晰分明，经过不断的进化和淘汰才有了现在的条纹。斑马生活在干燥、草木较多的草原和沙漠地带，是草食动物，具有强大的消化系统，树枝、树叶和树皮都能成为它们的食物。斑马群居生活，一般10匹左右为一群，群体由雄性斑马率领，成员多为雌斑马和斑马幼崽。它们相处得非常融洽，一起觅食，一起玩耍，很少会有斑马被赶出斑马群的事情发生。

 ## 斑马的条纹有什么用

黑白条纹是斑马们适应环境的保护色，它们的条纹黑白相间、清晰分明，在阳光的照射下很容易与周围的景物融合，模糊界限，起到自我保护的作用。草原上有种昆虫叫采采蝇，经常叮咬马和羚羊一类的动物。斑马身上的条纹可以迷惑采采蝇的视线，防止被它们叮咬；也可以迷惑天敌的视线，从而摆脱追捕。

斑马很少躺下休息，它们睡觉的时候也是站着的。

平原斑马的条纹一直延伸到腹部下方，其他斑马则不是这样。

 ## 想要驯服斑马，那真的是太难了

在欧洲殖民非洲的时代，殖民者们曾经尝试用更加适应非洲气候的斑马来代替原本的马。但是斑马的行为难以预测，非常容易受到惊吓，所以驯服斑马的尝试大多失败了。能够被人类成功驯服的斑马非常少。

长颈鹿

陆地上最长的脖子

长颈鹿一天要睡多久

长颈鹿睡觉的时间很少，一天只睡几十分钟到两个小时左右。由于脖子太长，它们常常把脖子靠在树枝上站着睡觉。长颈鹿有时也需要躺下休息，但是躺下睡觉对它们来说是件十分危险的事情，因为从睡卧的姿势站起来需要花费1分钟的时间，这1分钟就可能让长颈鹿来不及从肉食动物的口中逃脱。

长颈鹿生活在非洲稀树草原地带。长颈鹿是世界上现存最高的陆生动物，站立时身高可达6～8米。长颈鹿毛色浅棕带有花纹，四肢细长，尾巴短小，头顶有一对带茸毛的短角。它们性情温和，胆子小，是一种大型的草食动物，以树叶和小树枝为食。长颈鹿的心脏比较弱，为了将血液输送到距心脏两米多高的头部，它们拥有着极高的血压，收缩压要比人类的3倍还高。为了不让血液涨破血管，长颈鹿的血管壁必须有足够的弹性，周围还分布着许多毛细血管。

扫一扫

扫一扫画面，小动物就可以出现啦！

头上有两个
小小的茸角。

长颈鹿很
喜欢吃金合欢
树的叶子。

长长的脖子不
仅能让它们吃到高
处的嫩叶，还是同
类间争斗的工具。

细长的腿非常有
力量，甚至能一脚踢
死前来偷袭的狮子。

长颈鹿

身高：600～800厘米	分类：偶蹄目长颈鹿科
食性：植食性	特征：脖子和腿非常长，身上有斑块状花纹

长颈鹿从何而来

　　长颈鹿是由中新世初期的鹿科动物进化而来的。早期的古鹿脖子有长有短，生活在稀树草原地带。那里的树木多为伞形，树叶都在中上层，矮处的树叶很快就被吃光了，而高处的树叶只有长脖子的鹿才能吃到。脖子短的鹿由于饥饿和不能及时发现天敌而慢慢被淘汰，久而久之，长脖子的鹿就活了下来，逐渐演变成了今天的长颈鹿。

浣熊

看似可爱的捣蛋鬼

浣熊	
体长：40～70厘米	分类：食肉目浣熊科
食性：杂食性	特征：眼睛周围有一个面罩状的斑纹

浣熊真的清洗食物吗

浣熊的视觉并不发达，因此需要用触觉来辨别物体。由于前爪上有一层角质层，有时候需要浸在水里使其软化来提高灵敏度，所以看起来就像是浣熊吃食物前要洗一下。

脸上斑纹是浣熊最显著的特征。

前脚比较灵活，能抓住比较小的猎物。

这只戴着黑眼罩的家伙可以说是家喻户晓的动物了。戴着黑色眼罩，拖个带有环状斑纹的尾巴，这已经成为浣熊的经典形象。再加上浣熊体形较小，行动灵活，还长着圆圆的耳朵和尖尖的嘴巴，真是天生的一副可爱相。浣熊喜欢住在靠近河流、湖泊的森林地区，它们会在树上建造巢穴，也会住在土拨鼠遗留的洞穴中。浣熊是夜行动物，白天在树上或者洞里休息，到了晚上才出来活动。因为总是潜入人类的房屋偷窃食物，浣熊在加拿大也被称为"神秘小偷"。浣熊是不需要冬眠的，但是住在北方的浣熊，到了冬天会躲进树洞中。每年的1～2月是浣熊的交配季节，它们的寿命不长，通常只有几年。已知野生环境中寿命最长的一只浣熊活了12年。

整体毛色
呈灰色。

尾巴上
有环状斑纹。

 ## 不要做像浣熊一样的破坏王

浣熊其实并没有看上去那么温顺、可爱，它们的破坏力极大。浣熊不仅会在木质的家具和墙壁上打洞，还会去垃圾桶里寻找食物，翻倒垃圾桶，把垃圾扔得到处都是。有时还会挖开院子里的草坪，咬伤猫狗和路过的行人。由于私自猎杀野生动物是非法行为，在北美洲，人们甚至成立了专门对付浣熊的公司来处理不断跑进房子里的浣熊。

袋鼠

澳洲大陆的动物代表

扫一扫

扫一扫画面，小动
物就可以出现啦！

红大袋鼠

体长：约 140 厘米	分类：双门齿目袋鼠科
食性：植食性	特征：尾巴粗壮，腹部有一个育儿袋

袋鼠的踪迹遍及整个澳大利亚，其中最大也最广为人知的动物，是红大袋鼠。雄性红大袋鼠的皮毛为具有标志性的红褐色，下身为浅黄色；雌性上身为蓝灰色，下身呈淡灰色。它们喜欢在草原、灌木丛、沙漠和稀树草原地区蹦蹦跳跳地寻找自己喜欢吃的草和其他植物。红大袋鼠能够广泛分布于澳大利亚这片土地上，自然有其独特的本领。它们能够在植物枯萎的季节找到足够的食物，也能够在缺水的旱季正常生存。在炎热的天气里，它们可以采取多种方式将体温保持在 36℃，以让体内各功能保持正常状态。

像后腿一样粗壮的尾巴

红大袋鼠的前肢细小，后腿比前肢粗壮许多，强健有力的后腿非常适合跳跃，它们一次可以跳 3 米高，8 米远，它们跳跃着前行的速度可达 50 千米 / 时。红大袋鼠的尾巴和后腿一样粗壮，在休息的时候撑在地上，让后腿和尾巴组成一个三脚架，这样一来袋鼠就算不用躺在地上也能很好地休息了。

袋鼠的耳朵尖而长。

嘴部呈方形。

即使小袋鼠已经长到一定的年龄，它们还是会赖在妈妈的育儿袋里不肯离开。

强壮的后腿让袋鼠能一下跳出去数米之远。

在休息的时候，袋鼠会用尾巴来支撑身体。

 ## 神奇的育儿袋

袋鼠是一种有袋类哺乳动物，它们的大部分发育过程是在母亲的育儿袋里完成的。小袋鼠出生时只有花生米大小，尾巴和后腿柔软细小，只有前肢发育较好，身体大部分没有发育完全，所以需要回到妈妈的育儿袋中继续发育。刚开始袋鼠妈妈会在自己的皮毛上舔出一条路，小袋鼠就会顺着这条路爬到妈妈的育儿袋中，接受母乳的滋养。几个月后小袋鼠就长大了，当它长到育儿袋装不下的时候，小袋鼠就可以开始自己找食物了。

老虎

百兽之王

老虎中的"白马王子"

老虎的皮毛大多数是黄色并且带有黑色花纹的，不过人们偶尔也会发现全身披着白色皮毛的老虎，这就是白虎。白虎是普通老虎的一种变种，是体色产生基因突变的结果。1951年，人们在印度发现并捕获了一只野生的白色孟加拉虎，它是第一只被捕获的白虎，现在世界各地的白虎几乎都是它的子孙。

老虎		
体长：最长可达340厘米	分类：食肉目猫科	
食性：肉食性	特征：皮毛上有黑色的斑纹	

不是谁都能当丛林中的百兽之王！只要提到"百兽之王"，我们第一个就会想到威风凛凛的老虎，这个宝座确实非老虎莫属。为什么只有老虎才称得上是百兽之王呢？因为老虎体态雄伟，强壮高大，是一种顶级掠食者，其中东北虎是世界上体形最大的猫科动物，它们生活区域内所有的动物都可以成为自己的食物。老虎的皮毛大多数呈黄色，带有黑色的花纹，脑袋圆圆的，尾巴又粗又长，生活在丛林之中，从南方的雨林到北方的针叶林中都有分布。

身上黑黄相间的皮毛是老虎隐藏在丛林之中的保护色。

锋利的牙齿和有力的下颌会紧紧咬住猎物的喉咙，直到猎物窒息身亡后才松开。

强壮的四肢让老虎能快速接近猎物，在电光石火之间将猎物制服。

脚掌上长着锋利的爪子。

老虎会爬树吗

　　在传说中，老虎拜猫为师学习本领，在学成之后却想要把猫吃掉。好在猫没有把爬树的方法教给老虎，所以爬到树上躲过了老虎的暗算，老虎也因此没有学会爬树的本事。现实生活中老虎真的不会爬树吗？当然不是的。和大部分猫科动物一样，利用发达的肌肉和钩状的爪子，老虎也能爬到树上去寻找鸟蛋或者其他藏在树上的猎物。不过因为老虎实在是太重了，为了避免损伤自己的爪子就很少爬树，因此才给人们留下了一个"不会爬树"的印象。

大熊猫
可爱的国宝

大熊猫也会改善生活

　　大熊猫的祖先以肉食为主，在不断地进化和迁徙中，大熊猫越来越适应亚热带的竹林生活，体重逐渐增加，食性也慢慢地从吃肉转变为以吃竹子为主。它们的牙齿进化出了适合咀嚼竹子的臼齿，爪子除了五指之外还长出了适于抓握的拇指，可以更好地握住竹子。虽然我们都知道大熊猫喜欢吃竹子，但是它们偶尔也会捕捉竹鼠之类的小动物来"开个荤"。

　　胖胖的身子，圆圆的耳朵，大大的"黑眼圈"，没错，这就是我们可爱的国宝大熊猫。提起大熊猫，我们都会想到它们圆滚滚的身形和憨态可掬的样子。大熊猫对生存环境可是很挑剔的，只生活在我国四川、陕西和甘肃等省的山区，它们可是我们的重点保护对象，是我们中国的国宝呢！大熊猫的毛色呈黑白色，颜色分布很有规律，白色的身体，黑色的耳朵，黑色的四肢，还有一对大大的"黑眼圈"，非常有趣。它们走路时迈着"内八字"，壮硕的身体左右摆动，可爱极了。

大熊猫

体长：120～180 厘米	分类：食肉目熊科熊猫亚科
食性：杂食性	特征：黑白的毛色，有两个"黑眼圈"

脸上的"黑眼圈"是大熊猫最显著的特征。

大熊猫圆圆胖胖的体态让它们赢得了世界人民的喜爱。

虽然笨重，但是大熊猫却很擅长爬树。

 ## 让全世界疯狂的"胖子"

　　大熊猫非常可爱，到哪里都是备受欢迎的明星，所以在很多国家的动物园中也饲养大熊猫。1950 年，我国政府开始将可爱的大熊猫作为国礼赠送给与我们有着良好外交关系的国家，先后有多个国家接受过中国赠送的大熊猫，这就是著名的"熊猫外交"。可爱的"胖子"大熊猫深受世界人民的喜爱。在国外，为了一睹大熊猫的真容，游客们甚至会排上好几个小时的队呢。

刺猬

带刺的小园丁

遇到敌人的时候，刺猬身上的尖刺能有效保护它的安全。

刺猬	
体长：25 厘米左右	分类：猬形目猬科
食性：杂食性	特征：身体大部分覆盖着尖刺

柔软脆弱的肚皮是刺猬的弱点。

如果你无意间发现一只浑身插满了"牙签"的大老鼠，不要害怕，很有可能是遇见刺猬了！刺猬没有老鼠那样机灵，它们是一种生活在森林和灌木丛中的小型哺乳动物，身上长着很多尖刺，除了脸部、腹部和四肢以外都有坚硬的刺包裹着。刺猬长着短短的四肢和尖尖的嘴巴，还有一对小耳朵。聪明的刺猬会将有气味的植物咀嚼后吐到自己的刺上，以此来伪装自己。刺猬在睡觉的时候会打呼噜。

这个刺球从何而来

刺猬身单力薄，行动缓慢，拥有独特的自保本领。刺猬的大部分身体表面长满了坚硬的刺，当它们遇到危险的时候，头和四肢马上向腹部弯曲，浑身竖起坚硬的刺包住头和四肢，变成一个坚硬的刺球，使敌人无从下口。

辛勤的小园丁

刺猬对于人类来说是益兽，它们会捕食大量的害虫，偶尔也会吃小蜥蜴和果子。它们在夜间外出捕食，一般情况下，一只刺猬能够在一个晚上的时间内吃掉 200 克的虫子。刺猬每天勤勤恳恳地为公园、花园清除害虫，就像一个小小的园丁。

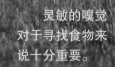

灵敏的嗅觉对于寻找食物来说十分重要。

冬眠的刺猬

刺猬天生胆小，很容易受到惊吓，喜欢住在灌木丛中。每到冬季它们就会冬眠，从秋末开始一直睡到次年春暖花开才会醒来。在冬眠时它们的体温会下降到 6℃，新陈代谢处于非常缓慢的状态。刺猬喜欢躲在软软的落叶堆里睡大觉，偶尔也会醒来看看自己是否安全，然后继续睡。所以，在清理院子里的落叶堆时一定要小心，没准里面正有一只小小的刺猬在做着美梦呢。

蝙蝠

夜空中的影子

蝙蝠通常依靠后肢倒挂在树枝上或者岩洞里面休息。

蝙蝠是翼手目哺乳动物的统称，可以分为大蝙蝠亚目和小蝙蝠亚目两大类，前者体形较大，主要吃水果，狐蝠就是其中之一；后者体形较小，除了捕捉昆虫外还会捕捉一些小动物，或者取食动物的血液。蝙蝠主要居住在山洞、树洞、古老建筑物的缝隙、天花板和岩石的缝隙中，它们成千上万只一起倒挂在岩石上，场面非常壮观。蝙蝠是需要冬眠的，冬眠时会躲进洞里，体温会降低到与周围环境一致，呼吸和心跳每分钟只有几次，血液流淌的速度也降低了，但是它们不会死死地睡去，冬眠期间偶尔也会吃东西，被惊醒后还能正常飞行。蝙蝠的主要天敌有蛇、一些猛禽以及猫科动物。

什么叫回声定位

蝙蝠能够生活在漆黑的山洞里，还经常在夜间飞行，是因为它们并不是靠眼睛来辨别方向的，而是靠耳朵和嘴巴。蝙蝠的喉咙能够发出很强的超声波，超声波遇到物体就会反射回来，反射回来的声波被蝙蝠的耳朵接收。根据接收到的声波，蝙蝠就能判断物体的距离和方向，这种方式叫作"回声定位"。

伏翼（一种常见的蝙蝠）	
体长：体长 3.5～4.5 厘米	分类：翼手目蝙蝠科
食性：肉食性	特征：个头比较小，翼展 19～25 厘米

大耳朵可以更好地接收回声。

蝙蝠的眼睛小，视力比较差。

皮质的翼膜适合飞翔。

蝙蝠是哺乳动物还是鸟

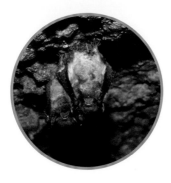

蝙蝠能像鸟那样展翼飞翔，但它们不是鸟，而是哺乳动物。因为蝙蝠的体表无羽而有毛，口内有牙齿，体内有膈将体腔分为胸腔和腹腔，这些都是哺乳动物的基本特征。更重要的是，蝙蝠的生殖发育方式是胎生哺乳，而不是像鸟那样的卵生，这一特征说明蝙蝠是名副其实的哺乳动物。

猕猴

聪明的猴子

灵活的四肢让它们在树枝间行动自如。

猕猴的犬齿很长，在打斗的时候会给对手造成严重的伤害。

猕猴的尾巴相对较短。

猴子王国的篡位大战

在猴子王国里，也有位高权重的领导者。每个猴群都有一个猴王领导着整个猴群，优秀的、强壮的猴王可以一直占有王位。王位争夺是非常残酷的，是一场你死我活的厮杀，如果猴王在竞争中被打败，那么它将被逐出猴群，只能流浪在外自生自灭。

　　一提到猴子，大家就会想到它们的红屁股，为什么猴子会有个红屁股呢？因为猴子的屁股是血管最集中的地方，而它们"坐"的动作使臀部的毛都退化掉了，所以红屁股就露了出来。猴子的红屁股的一个重要功能是雌性猴子发情的信号，有利于吸引雄性，提高交配的成功率。猕猴是一种非常常见的猴子，它们在同属猴类中属于小巧玲珑型的，脸部消瘦，毛发稀少。猕猴善于攀缘跳跃，行动敏捷，遇到危险可以快速消失得无影无踪。它们喜欢在海拔高、安静并且食物充足的地方，由猴王带领着猴群集体生活。它们爱吃的东西很多，如树叶、野菜、小鸟、昆虫、野果等食物。猕猴很聪明，在有人类的地方，它们会模仿人类的动作，非常有趣。

脸颊内有用来储
存食物的颊囊。

猕猴		
体长：约 50 厘米	分类：灵长目猴科	
食性：杂食性	特征：尾巴相对较短，脸上有颊囊	

 ## 猕猴不应该被当作宠物

虽然偶尔会出现一些饲养小猴子作为宠物的报道，但是猕猴并不适合作为家庭宠物。它们属于国家二级保护动物，若是没有获得许可证，饲养猕猴可是违法行为。不仅如此，猕猴很聪明，生性顽皮，模仿力很强，可能会做出玩打火机、开煤气等危险动作。此外，猕猴有着非常长的犬齿，野性很强，一旦发起脾气来很难控制，会对人类造成严重的伤害。

大猩猩

森林中的"人"

捶打胸口是大猩猩展示武力和发泄情绪的一种方式。

大猩猩也能成为电影明星

大猩猩是一种最接近人类的灵长类动物，成年大猩猩的智商堪比 6 岁左右的儿童，而且它们还有着很强的学习能力。因此在很多科幻类影视作品中我们都能看到大猩猩的身影，众所周知的有电影《金刚》《猩球崛起》《猩球大战》等。

大猩猩，是灵长目中除了人和黑猩猩以外最大、最聪明的动物。它们大约十几只组成一个小型的群体，在一头背部为银色的雄性大猩猩的带领之下生活在非洲中部的雨林之中。大猩猩和人类基因的相似度高达 98%，常常与红毛猩猩和黑猩猩并称为"人类的最直系亲属"。现如今，大部分大猩猩分布在非洲的中部，根据分布地区的不同，人们把现存的大猩猩划分为东部大猩猩和西部大猩猩两种。

作为首领的雄性大猩猩背部是银色的，所以也叫"银背大猩猩"。

它们的前肢要比后肢长。

大猩猩通常用前肢的指关节着地行走。

西部大猩猩

体长：150～180 厘米		分类：灵长目人科	
食性：植食性		特征：前肢长后肢短，非常强壮	

🐾 大猩猩的繁殖

　　大猩猩是一种寿命很长的动物，动物园里大猩猩的寿命可以达到 60 多岁，它们生长和繁殖的周期非常漫长。在野外，雄性猩猩在 11～13 岁成年，雌性要在 10～12 岁成年，雌性猩猩的产崽间隔通常是 8 年。不管什么时候，只要有机会，雄性猩猩就会试着与能够怀孕的雌性猩猩交配，能够怀孕的雌性猩猩则会选择群内处于统治地位的成年雄性猩猩。这样选择有什么益处仍然是谜，可能它们是在为自己的后代选择优良的基因，也有可能是为了得到有统治地位的雄性猩猩的保护。

树懒

最懒的动物

树懒睡觉的时候也是倒挂在树上的，前肢的结构使它们倒挂在树上毫不费力。

倒挂在树上的一生

我们看到的树懒都是倒挂在树上的，那是因为树懒已经进化成树栖生活的动物，几乎丧失了地面生活的能力。树懒在平地走起路来摇摇晃晃，很难保持平衡，而且它们主要依靠两条前肢来拉动身体前进，速度非常缓慢。树懒的爪子很灵活，呈钩状，能够牢固地抓住树枝，把自己吊在树上，即使睡着了也没有关系。

树懒可以说是世界上最懒的哺乳动物了，这么懒的动物是怎么在这个世界上活下来的呢？树懒的爪呈钩状，前肢长于后肢，可以长时间吊在树上，甚至睡觉时也是这样倒吊在树上，可以说树就是它们的家。树懒主要以树叶、嫩芽和果实为食，是个严格的素食主义者。它们非常懒而且行动迟缓，爬得比乌龟还要慢，在树上只有每分钟 4 米的速度，在地面上只有每分钟 2 米的速度。与它们缓慢的陆地行动能力不同，树懒在水中倒是一个游泳健将，在雨林的雨季，在泛滥的洪水中，树懒经常通过游泳从一棵树转移到另一棵树上。

树懒	
体长：60～70 厘米	分类：披毛目树懒科
食性：植食性	特征：前肢只有 3 个脚趾，身上有粗糙的毛发

尽管树懒的周围都是食物，但它们的进食速度还是非常慢。

树懒的皮毛呈褐色和绿色，其中绿色是因为毛发上生长了藻类。

爪子非常长，比较锋利，适合爬树。

生命在于静止的树懒

  树懒是一种非常懒惰的哺乳动物，平时就挂在树上，懒得动，懒得玩，什么事都懒得做，甚至连吃东西都没什么动力。如果一定要行动的话，树懒的动作也是相当缓慢的。树懒的动作慢，进食和消化也慢，它们需要很久才能把食物彻底消化，因此树懒的胃里面几乎塞满了食物。它们每 5 天才会爬到树下排泄一次，真是名副其实的懒家伙。

树袋熊

喜欢睡觉的可爱毛球

树袋熊	
体长：70 ~ 80 厘米	分类：双门齿目树袋熊科
食性：植食性	特征：皮毛呈灰褐色，耳朵较大

不喝水的动物

树袋熊真的不喝水，是一种非常耐渴的动物。它们从每天所吃的桉树叶中获取生活所需水分的 90%，只有在生病或者遇到干旱的时候才会主动喝水，对于日常生活来说，它们从取食的桉树叶中摄取水分就已经足够用了。在当地人的语言中，树袋熊被叫作"克瓦勒"，就是不喝水的意思。

扁平的鼻子。

树袋熊又叫"考拉"，是澳大利亚珍稀的原始树栖动物。虽然它们体态憨厚，长相酷似小熊，但它们并不是熊科动物，而是有袋类动物。树袋熊长着一身软绵绵的灰色短毛，鼻子乌黑光亮，呈扁平状，两只大耳朵上长着长毛，脸上永远挂着一副睡不醒的表情，非常惹人喜爱。树袋熊的四肢粗壮，利爪弯曲，非常适合攀爬。它们一天中做得最多的事就是趴在树上睡觉，每天能睡 17 ~ 20 个小时，醒来以后的大部分时间用来吃东西，生活非常悠闲。树袋熊性情温顺，行动迟缓，过着独居的生活，每只树袋熊都有自己的领地，只有在繁殖的季节，雄性树袋熊才会聚集到雌性附近。

毛茸茸的大耳朵。

五指分为两排，一排两只，另一排三只。这样更加利于握住树枝。

它们非常喜欢蹲坐在树杈的位置上休息。

身上的毛发呈灰褐色。

育儿袋开口向下有什么好处

树袋熊四肢笨拙，清理育儿袋这种事情对它们来说很困难，而开口向下的育儿袋永远都不用担心地面上的沙尘会进去，即使进了脏东西也可以自动掉落出去。

吃了有毒的叶子真的不会中毒吗

我们一定不要学习树袋熊挑食的坏习惯哦。树袋熊专门吃生长在澳大利亚东部的 35 种桉树叶，桉树叶的纤维含量很高，营养价值却很低，所以一只树袋熊每天需要吃 400 克的树叶。对于大多数动物来说，桉树叶具有很大的毒性，但是树袋熊的肝脏恰好可以分解这种有毒物质。

棕熊

相貌憨厚的庞然大物

一冬天大睡特睡

冬天，棕熊带着积攒了一个秋天的脂肪，开始寻找适合冬眠的地方。它们通常会选择背风的大树洞或者石头缝隙，在里面铺满柔软的枯草、树叶，然后小心翼翼地抹掉自己的足迹，躲到洞里大睡特睡。冬眠的棕熊只依靠身上的脂肪来维持生命，一直到第二年春天才重新出来活动。

棕熊的嗅觉非常灵敏。

它们非常喜欢秋天守候在河边，等待洄游的鲑鱼。

棕熊是陆地上最大的肉食类哺乳动物之一，有着肥壮的身子和有力的爪子，力气极大。它们的后肢非常有力，能够站在湍急的河水里捕鱼。棕熊的食谱十分广泛，从植物的根茎到大型有蹄类动物都被它们纳入了菜单。虽然有不少棕熊与人类和谐相处的事例，但它们依旧是非常危险的动物，尤其是带着宝宝的母熊，这些妈妈们甚至会和比自己大两倍的公熊大打出手呢！

扫一扫

扫一扫画面，小动物就可以出现啦！

身上的皮毛非常厚，能抵御其他动物的攻击，厚厚的皮毛也让它们不惧严寒。

棕熊	
体长：150～280厘米	分类：食肉目熊科
食性：杂食性	特征：皮毛为棕色，头大而圆

棕熊的爪子可以用来狩猎、捕鱼或是爬树，也能挖掘土壤，寻找里面的食物。

洄游路上的拦路杀手

　　对于棕熊来说，当秋天的鲑鱼开始洄游的时候，它们的盛宴就开始了。在这段时间内，棕熊们会聚集到这些鱼洄游的必经河段，它们终日游荡在这里，在浅水和瀑布附近埋伏狩猎。洄游期间，即将产卵的鱼十分肥美，每一只棕熊都会在此期间大吃，为接下来的冬眠做充足的准备。棕熊甚至还会为了争夺好的捕鱼位置而爆发冲突呢。

狐狸

丛林中的天才猎手

喜欢在夜晚偷偷溜出去

狐狸和猫一样，都是白天大部分时间休息，傍晚才出去觅食。狐狸主要以老鼠、兔子、鱼、蚌、虾、蟹、昆虫等小型动物为食，有时也采食一些植物的果实，偶尔还会袭击家禽等。虽然在人们的印象中狐狸总是会偷盗家禽，但从总体上来讲，狐狸对人类的益处是大于害处的。

狐狸	
体长：约 80 厘米	分类：食肉目犬科
食性：杂食性	特征：身体大部分颜色为红色或红褐色

狐狸生性多疑、狡猾机警。在动物学上狐狸属于食肉目犬科动物，体长约为 80 厘米，尾长约 45 厘米，尾巴比身体的一半还要长。它的皮毛颜色变化很大，大部分是跟随季节变化而发生改变的，一般呈赤褐、黄褐、灰褐色等。在狐狸尾巴的根部有一对臭腺，能分泌带有恶臭味的液体，可以扰乱敌人，让它能从天敌手中逃脱。狐狸具有敏锐的视觉和嗅觉，锋利的牙齿和爪子，还有在哺乳动物中数一数二的奔跑速度和灵活的行动力。这些能力使狐狸成长为一个具有敏锐洞察力的丛林猎手。

狐狸的听觉
非常灵敏。

皮毛呈红色
或红褐色，因此
被称为赤狐，也
叫"火狐"。

狐狸尾巴根部有
一对臭腺，能分泌带
有恶臭味的液体。

吻端狭窄。

四肢的末端呈黑色。

狐狸的尾巴有什么用

狐狸有着长而蓬松的尾巴，不要小瞧这条毛茸茸的粗尾巴，它的用处可不少呢。当狐狸追击猎物时，粗壮的尾巴可以使它保持平衡，便于在较短的时间内捕获猎物。美味享用完毕后，尾巴还可以替它"毁灭证据"，清除地上的足迹与血迹。在冬季，狐狸休息的时候还会把身体蜷缩成一团，用尾巴把自己包裹住来抵御寒冷。

扫一扫

扫一扫画面，小动
物就可以出现啦！

梅花鹿
森林的精灵

鹿角掉了怎么办

梅花鹿头上的角非常漂亮。它们的鹿角很像规则的树枝，主干向两侧弯曲，呈半弧形；雄性的梅花鹿头上长有鹿角，随着年龄的增加，鹿角上的分叉也逐渐增多，角尖稍向内弯曲。梅花鹿的鹿角不是一生只有一对，每年4月份，它们的鹿角会自然脱落，就像换牙一样，在老鹿角的地方长出新的鹿角。所以即使它们的鹿角意外断掉了也不要紧，新的鹿角会随着时间慢慢生长，成为它们的新武器。

在郁郁葱葱的森林里，隐藏着一群活泼可爱的梅花鹿，据说它们是森林里的精灵，给死气沉沉的森林带来了一丝灵气。梅花鹿属于中型鹿类，四肢修长，善于奔跑，喜欢居住在山地、草原等一些开阔的地区，因为这样有利于它们快速奔跑。它们的眼睛又大又圆，非常漂亮；它们也非常聪明机警，遇到危险可以迅速逃脱。

梅花鹿	
体长：125 ～ 145 厘米	分类：偶蹄目鹿科
食性：植食性	特征：背部和身体两侧有白色斑点

鹿角在硬化之前，表面由一层棕黄色的天鹅绒状的皮包裹着，这种带着茸毛的角就是我们所说的鹿茸。

鹿的听觉非常灵敏，听到任何风吹草动都会迅速逃跑。

梅花鹿身上白色的斑点就是它们名字的由来。

腿部纤细而有力，可以快速奔跑。

与生俱来的保护色

　　梅花鹿背上和身体两侧的皮毛上布满白色斑点，形状像梅花一样，梅花鹿的名称就是由此而来的。梅花鹿的毛色会随着季节的变化而变化，夏天毛色为棕黄或者栗红色，冬天的毛色会比夏天的淡，变成烟褐色，身上的白色斑点也随之变得不明显，与枯草的颜色接近。毛色的不断变换让梅花鹿能够更好地隐藏自己，不被掠食者发现。

雪豹长着灰白色的皮毛，皮毛上有黑色的环状和点状花纹。这些花纹是它在高山雪线和雪地环境活动的"迷彩服"。

追随雪线的雪山之王

雪豹为高山动物，主要生存在高山裸岩、高山草甸和高山灌木丛地区。它们夏季居住在海拔5000米的高山上，冬季追随改变的雪线下降到相对较低的山上。

雪豹的听觉和嗅觉都很灵敏，可以敏锐地发现猎物和天敌。

雪豹
高山猎手

在海拔较高的高原地区，生活着一群大型猫科动物，它们就是大名鼎鼎的高山猎手——雪豹。聪明的雪豹历经千年终于找到了适应生存环境的好办法——长出一身灰白相间的皮毛，这样就能够更好地在雪地里掩护自己了。因为它们经常在高山的雪地中活动，所以就有了"雪豹"这样一个名字。由于雪豹是高原生态食物链中的顶级掠食者，因此有"雪山之王"之称。雪豹喜欢独行，它们生活在高海拔山区，又经常在夜间出没，到现在为止，人类对雪豹的了解都非常有限。

雪豹的爪子宽大，
便于它在雪地中行走。

雪豹	
体长：110 ～ 130 厘米	分类：食肉目猫科
食性：肉食性	特征：皮毛呈灰白色，有斑点，尾巴较长

雪豹的尾巴有多长

    雪豹的尾巴粗大，尾巴上的花纹与身体上不大相同。它的身上有黑色的环状和点状斑纹，而尾巴上则只有环形花纹。雪豹的尾巴出奇的长，它体长有 110 ～ 130 厘米，尾巴却有 80 ～ 90 厘米。这条长长的尾巴是它在悬崖峭壁上捕捉猎物时保持平衡的法宝。

北极熊
北极霸主

北极熊很温顺吗

北极熊位于北极食物链的顶端，在它们生活的环境里，北极熊可是没有任何天敌的。对于北极熊来说，除了人类，唯一的危险就是其他同类。雌性北极熊如果遇到雄性北极熊抢夺食物，也会毫不畏惧地拼上一拼。别看北极熊平时一副懒懒的样子，好像很可爱，其实它们是一种非常危险的动物。

北极地区的标志是什么？那一定非北极熊莫属了，它们憨厚朴实的模样非常讨小孩子喜欢。北极熊体形庞大，披着一身雪白的皮毛，虽然不能在水中游泳追击海豹，但也是游泳健将，它们的大熊掌就像船桨一样在海里划水。北极熊的嗅觉非常灵敏，能够闻到方圆1000米内或者雪下1米内猎物的气味。北极熊属于肉食性动物，海豹是它们的主要食物，它们还会捕食海象、海鸟和鱼，对于搁浅在海滩上的鲸也不会客气。由于北极的水不是被冰封就是含盐分过多，所以北极熊的主要水分来源是猎物的血液。

北极熊的皮毛看上去是雪白的，实际上是空心透明的，在阳光的折射下才显出白色的外观。

北极熊	
体长：约 280 厘米	分类：食肉目熊科
食性：肉食性	特征：全身为白色的皮毛

它们的皮毛是生活在北极雪原上最好的保护色。

它们四肢强壮，可以跑出 40 千米 / 时的速度。

爪子非常有力，可以一击制伏一头海豹。

北极熊的局部休眠

北极熊的局部休眠并不像其他冬眠动物那样会睡一整个冬天，而是保持似睡非睡的状态，一遇到危险可以立刻醒来。北极熊也会很长一段时间不进食，但不是整个冬季什么都不吃。科学家们发现，北极熊很可能有局部夏眠，就是在夏季浮冰最少的时候，它们很难觅食，于是会选择睡觉。科学家在熊掌上发现的长毛可以说明它们在夏季几乎没有觅食。

53

北极狐

会变色的狐狸

 ## 北极狐会变色吗

　　北极狐有着随季节变化的毛色。在冬季时北极狐身上的毛发呈白色，只有鼻尖是黑色的皮肤，到了夏季身体的毛发变为灰黑色，腹部和面部的颜色较浅，颜色的变化是为了适应环境。北极狐的足底有长毛，适合在北极那样的冰雪地面上行走。

　　北极狐生活在北冰洋的沿岸地带和一些岛屿上的苔原地带。和大多数生活在北极的动物一样，北极狐也有一身雪白的皮毛。在它们的身后，还有一条毛发蓬松的大尾巴。北极狐主要吃旅鼠，也吃鱼、鸟、鸟蛋、贝类、北极兔和浆果等食物，可以说能找到的食物它们都会吃。每年的2～5月是北极狐交配的时期，这一时期雌性北极狐会扬起头嗥叫，呼唤雄性北极狐，交配之后大概50天，可爱的小北极狐就出生了。北极狐的寿命一般为8～10年。

北极狐	
体长：约 55 厘米	分类：食肉目犬科
食性：杂食性	特征：毛色随季节变化，冬季为白色

耳朵非常灵敏，能听到雪下的旅鼠发出的声音。

皮毛的颜色随着季节而改变，冬季是白色的，夏季是灰黑色的。

和其他犬科动物一样，北极狐的嗅觉也非常灵敏。

四肢相对较长。

北极熊的追踪者

　　夏天是食物最丰富的时候，每到这时，北极狐都会储存一些食物在自己的洞穴中。到了冬天，如果洞穴里储存的食物都被吃光了，北极狐就会偷偷跟着北极熊，捡食北极熊剩下的食物，但是这样做也是非常危险的。因为当北极熊非常饥饿却找不到食物时，会把跟在身后的北极狐吃掉。

河马

看似温顺的猛兽

因为常年在水中生活，它们的皮肤非常敏感。

河马的獠牙很锋利，是危险的武器。

河马的皮下脂肪很厚，让它能在水中保持体温。

不要被它可爱的外表欺骗

虽然河马看上去圆滚滚的非常可爱，实际上它们却是一种非常危险的动物。它们性格暴躁，攻击性较强，经常无缘无故就对周围的动物发起攻击。在非洲，河马是每年导致人类死亡最多的野生动物。

快看，在水面上露出一对小耳朵和一双小眼睛的动物是什么？这个长相有趣的动物就是河马。河马是一种喜欢生活在水中的哺乳动物。河马生活在非洲热带水草丰茂的地区，体形巨大，体重可达 3 吨，头部硕大，长有一张大嘴，门齿和犬齿呈獠牙状，具有较强的攻击性。它们的皮肤很厚，呈灰褐色，皮肤表面光滑无毛，厚厚的脂肪可以让它们在水中保持体温。它们的趾间有蹼，喜欢待在水里，庞大而沉重的身躯只有在水里才能行走自如。它们平时喜欢将身体没入水中，只露出耳朵、眼睛和鼻孔，这样既能保证正常的呼吸又能起到隐蔽的作用。河马喜欢群居，由成年的雄性河马带领，每群有 20 ～ 30 头，有时可多达百头。

河马	
体长：约 400 厘米	分类：偶蹄目河马科
食性：植食性	特征：外形圆滚滚，有着巨大的嘴巴和獠牙

巨大的嘴巴是
雄性河马之间互相
打斗的武器。

汗血宝"马"

　　河马的汗腺里能分泌一种红色的液体，用来滋润皮肤，起到防晒的作用，因为很像是流出来的血，所以被称为"血汗"。河马看上去皮肤很厚，其实它们的皮肤极其敏感。河马必须整天泡在水里，如果离开水太长时间，皮肤就会干裂，需要用水帮助它们滋润皮肤并且调节体温。河马只有在夜间或者阳光并不强烈的时候才会上岸。

海象

海里的大象

海象	
体长：290～330厘米	分类：食肉目海象科
食性：肉食性	特征：有一对很长的"象牙"

　　海象被取了这样一个名字主要是由于它们长着一对和大象的象牙非常相似的犬齿。海象的皮很厚，有很多褶皱，它们的身体上还长着稀疏却坚硬的体毛，看上去就像一位年迈的老人。海象的鼻子短短的，耳朵上没有耳郭，看上去十分丑陋。那么，海象和陆地上的大象有什么不同呢？由于常年生活在水中，海象的四肢已经退化成鳍，不能像大象那样在陆地上行走。当海象上岸时，它们只能在地面上缓慢地蠕动。

海象为什么变了颜色

海象的表面皮肤在一般情况下是灰褐色或者黄褐色的，但是由于栖息环境的变化，身体皮肤的颜色也会发生改变。在冰冷的海水中浸泡一段时间之后，为了减少能量的消耗，海象的血液流速会减慢，所以皮肤就会变成灰白色，上了岸之后，血管膨胀，体表就变成了棕红色。

在觅食之外的时间里，海象喜欢在岸边的礁石上休息。

眼睛比较小，视力不是很好。

厚厚的皮下脂肪在潜水的时候可以保持体温。

嘴巴里面的"象牙"是海象最典型的标志。

发达的犬齿有什么用

海象的最独特之处就是它的上犬齿非常发达。与其他动物不同，海象的这对"象牙"一直在不停地生长着，就像大象的两个长长的象牙一样。遇到危险的时候，"象牙"可以保护自己和攻击敌人，是它们最便捷的武器；寻找食物的时候，"象牙"还可以帮助它们在泥沙中掘取蚌、蛤、虾、蟹等食物；除此之外，在海象爬上冰面的时候，"象牙"还能支撑身体，把它们庞大的身躯固定在冰面上，就像两根登山手杖一样。

骆驼

沙漠之舟

厚厚的毛发能帮助骆驼抵挡沙漠里的酷热和阳光。

　　骆驼为什么能在沙漠生活呢？在自然条件较好的平原地带，人们驯养的家畜通常是马、牛等，而在炎热干旱的沙漠地带，人们驯养更多的则是骆驼。骆驼是一种神奇的动物，它们可能是最能够适应沙漠环境的动物之一了。在条件严酷的沙漠和荒漠中，骆驼能够适应干旱而缺少食物的沙土地和酷热的天气，而且颇能忍饥耐渴，每喝饱一次水后，连续几天不再喝水，仍然能在炎热、干旱的沙漠地区活动。骆驼还有一个神奇的胃，这个胃分为三室，在吃饱一顿饭之后可以把食物贮存在胃里面，等到需要再进食的时候反刍。可以说，骆驼这种奇妙的动物就是为沙漠而生的。

如何防御沙尘

在沙土飞扬的沙漠中，骆驼依然能行走自如，不惧怕狂风与沙砾，是因为它们有精良的装备。骆驼耳朵里的长毛能有效地阻挡风沙的进入，而且它们有着双重眼睑，浓密的长长的睫毛也可以防止被风沙迷了眼睛。除此之外，骆驼的鼻子就像有一个自动开合的开关一样，在风沙来临时，能够关闭开关，抵挡沙土。这些装备让骆驼在沙漠中不惧风沙，毫无压力地长途跋涉。

双峰驼的背上有两个驼峰，单峰驼则只有一个。

鼻孔可以封闭，避免沙砾被风吹进鼻孔。

骆驼的脚掌又扁又宽，适合在松软的沙子中行走。

双峰驼	
体长：约 300 厘米	分类：偶蹄目骆驼科
食性：植食性	特征：身体有厚实的毛发，背部有两个驼峰

走到哪儿都背着两座"山"

骆驼的最大特点就是它们背上的驼峰。骆驼分为单峰驼和双峰驼，是骆驼属下仅有的两个物种。看到驼峰就会和它们可以长时间不饮水联想到一起，实际上驼峰并不是骆驼的储水器官，而是用来贮存沉积脂肪的，它是一个巨大的能量贮存库，为骆驼在沙漠中长途跋涉提供了能量消耗的物质保障，这在干旱少食的沙漠之中是非常有利的。

神奇鸟类

绣眼鸟

眼睛周围有一圈白色羽毛

绣眼鸟常年生活在树上，主要吃昆虫、花蜜和甜软的果实。因为它们眼部周围有明显的白色绒羽环绕，形成一个白眼圈，因此被称为绣眼鸟。绣眼鸟生性活泼好动，羽毛颜色靓丽，歌声委婉动听，所以人们都喜欢饲养它。

暗绿绣眼鸟　　　　　　红胁绣眼鸟　　　　　　　　　　　　　　　　灰腹绣眼鸟

爱干净的
绣眼鸟羽毛非
常靓丽。

绣眼鸟有双
圆长的翅膀。

眼睛周围的
白色羽毛。

绣眼鸟的
喙细小且尖。

🍁 绣眼鸟的不同种类

　　绣眼鸟是雀形目绣眼鸟科鸟的统称，共有 97 种之多。暗绿绣眼鸟，俗称"绣眼儿"，喜欢在浓密的枝叶下筑巢，巢穴像吊篮一样，小巧精致。红胁绣眼鸟与暗绿绣眼鸟很相似，不同的是它们在两肋处有明显的栗红色，它们生活在东北、河北的山林地区，筑巢的材料因条件的不同而发生变化。还有一种灰腹绣眼鸟，橄榄绿色，它们和暗绿绣眼鸟长得很相似，喜欢在最高树木的顶端活动，分布在亚洲东部。

🍁 爱洗澡的绣眼鸟

　　绣眼鸟非常爱干净，它们喜欢洗澡，即使在气温很低的时候也会洗澡。洗澡时可以把一个浅水盆放在笼子里，水的高度到鸟下腹羽毛即可。天气比较凉时，洗澡的时间应该在午后气温升高的时候，选择在有太阳直射的温暖的室内进行，最好在无风的环境下洗澡，因为鸟儿和我们人类一样，也会感冒。

黄鹂

鲜黄色的羽毛

金黄鹂

体长：约24厘米	分类：雀形目黄鹂科
食性：杂食性	特征：身体呈金黄色，翅膀和尾巴为黑色

　　黄鹂是属于雀形目黄鹂科的中型鸣禽。黄鹂的喙很长，几乎和头一样长，而且很粗壮，尖处向下弯曲，翅膀尖长，尾巴呈短圆形。它们的羽毛色彩艳丽，多为黄色、红色和黑色的组合，雌鸟和幼鸟的身上带有条纹。黄鹂喜欢生活在阔叶林中，栖息在平原至低山的森林地带或村落附近的高大树木上。巢穴由雌鸟和雄鸟共同建造，它们很是浪漫，鸟巢呈吊篮状悬挂在枝杈间，多以细长植物纤维和草茎编织而成。黄鹂每窝产蛋4～5枚，蛋是粉红色的，有玫瑰色斑纹。孵蛋的任务由雌鸟完成，一般经过半个月的时间小黄鹂就破壳了，这时雌鸟和雄鸟会一起照顾它们，直到幼鸟离开鸟巢。

黄鹂难辨雌雄

黄鹂的雌雄很难辨认。以通常的头上黑枕的宽窄来区分雌雄是远远不够的，雌鸟头上的黑枕也可以长到与雄鸟类似。雄鸟看起来十分霸道，有着强健的体魄、犀利的眼，雌鸟羽毛的黑色没有雄鸟的黑色亮丽，雌鸟眼神中缺少雄鸟的霸气。雄黄鹂无时无刻不透露着杀气，而且头顶的黄色会随着年岁的增长而变小。

黄鹂的喙很长。

金黄色的身体。

尖长的翅膀大部分为黑色。

雌黄鹂

雄黄鹂

黄鹂的爪细如钩。

黄鹂吃什么

野生的黄鹂主要捕捉食梨星毛虫、蝗虫、蛾子幼虫等，偶尔也吃些植物的果实和种子。被捕获后的黄鹂主要喂食人工饲料，同时喂食少量的瓜果和昆虫，它们需要先慢慢适应人工饲料，有许多成鸟被捕获后不适应环境和人工饲料，绝食而死。

乌鸦的家

乌鸦在求偶之后就会共同建造它们的巢穴，它们通常将巢穴建在高高的树上，也有一些种类会将巢穴建在崖洞或者树洞中。它们的巢穴呈盆状，用粗树枝搭建，并在树枝之间加入泥土混合而成。为了更加舒适，巢穴中会铺上一些细软的草或者羽毛。它们还会定期检查、加固巢穴。

乌鸦
全身乌黑的鸟

乌鸦

体长：50～60厘米	分类：雀形目鸦科
食性：杂食性	特征：全身羽毛为黑色，嘴巴比较大

乌鸦披着一身黑色的羽毛，它们的嘴巴、腿、爪也都是纯黑色的，表情严肃、深沉，性情凶猛，浑身充斥着一种神秘的气息。它们通身乌黑，加上灵敏的嗅觉让它们总是能出现在腐烂的尸体旁边，因此人们认为它们是不祥之鸟。其实它们也是很可爱的，它们聪明、活泼、易于交往，是应当受到人类关爱的鸟。乌鸦共有 41 个种类，在世界各地都有分布，在我国就有 7 种。乌鸦的食性比较杂，它们会吃浆果、谷物、昆虫、鸟蛋，甚至是腐烂的肉。

扫一扫

扫一扫画面，小动物就可以出现啦！

因为嘴巴非常大，所以被叫作"大嘴乌鸦"。

乌鸦的羽毛、嘴巴、腿全都是黑色的。

🍁 痴情鸟

在寓言故事中，乌鸦通常都是以负面形象出现的，它们被形容成虚荣心强、自命不凡的家伙，甚至是盗贼。其实乌鸦是很可爱的，它们聪明、好动、性情开朗，并且对爱情非常专一。乌鸦非常忠于爱情，它们求偶的方式也非常特别，雄鸟会朝着中意的对象温柔地叫，雌鸟接受的方式就是张开嘴等待着雄鸟喂食。当它们确定彼此坠入爱河之后，就会相伴终生。

🍁 聪明的乌鸦

虽然乌鸦的形象我们都不看好，但是它们却是非常聪明的动物。人们通过观察发现，乌鸦可以独立完成很多复杂的动作。比如当它们发现一大块食物时，它们会将无法一次带走的食物分割成小块带走；它们会将散落的饼干精确地整理在一起，然后一起叼走；为了诱导敌人，它们会伪造一个食物仓库。这些例子足以证明乌鸦具有超乎寻常的智商。

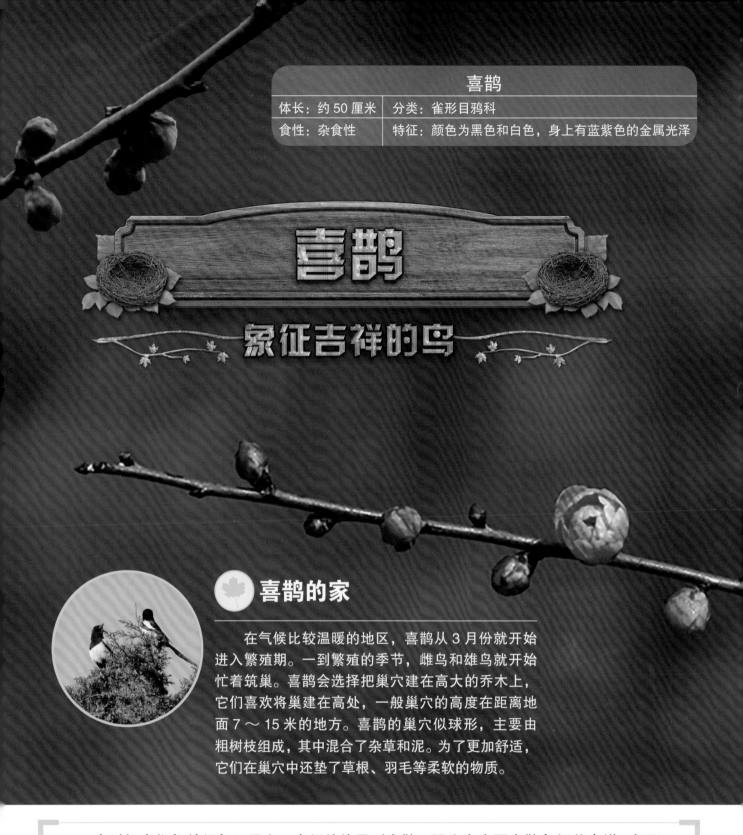

喜鹊	
体长：约 50 厘米	分类：雀形目鸦科
食性：杂食性	特征：颜色为黑色和白色，身上有蓝紫色的金属光泽

喜鹊

象征吉祥的鸟

🍁 喜鹊的家

　　在气候比较温暖的地区，喜鹊从 3 月份就开始进入繁殖期。一到繁殖的季节，雌鸟和雄鸟就开始忙着筑巢。喜鹊会选择把巢穴建在高大的乔木上，它们喜欢将巢建在高处，一般巢穴的高度在距离地面 7 ～ 15 米的地方。喜鹊的巢穴似球形，主要由粗树枝组成，其中混合了杂草和泥。为了更加舒适，它们在巢穴中还垫了草根、羽毛等柔软的物质。

　　古时候人们都希望每天早上一出门就能见到喜鹊，因为在中国喜鹊象征着吉祥、好运。喜鹊的体形很大，体长约 50 厘米，常见的羽毛颜色为黑白配色，羽毛上带有蓝紫色金属光泽，在阳光的照射下闪闪发光。喜鹊分布范围比较广泛，除南极洲、非洲、南美洲和大洋洲没有分布外，其他地区都可以看到它们的身影。它们可以在许多地方安家，尤其喜欢出没在人类生活的地方。但是喜鹊并没有想象中的那样好脾气，它们属于性情凶猛的鸟，敢于和猛禽抵抗。如果有大型猛禽侵犯它们的领地，喜鹊们会群起围攻，经过激烈的厮杀，使猛禽重伤甚至毙命。

喜鹊的头部、颈部、背部、尾部都呈黑色，腹部和翅膀边缘是白色的。

喜鹊的繁殖

可爱的喜鹊将自己的巢穴建造好以后就开始忙着繁殖后代了。它们产卵的时间一般在早晨，每窝可产卵5～8枚，卵呈蓝绿色或者灰白色，带有黑褐色斑点。产卵结束以后雌鸟就开始孵化，经过大约17天的孵化期，雏鸟就破壳而出了。刚出生的雏鸟还没有羽毛，身体呈粉红色，需要雌鸟细心照顾一个月左右才可以离巢。

鹊桥的故事

在传说中，每年的七月初七这一天喜鹊都会不见踪影，那是因为它们都忙着飞到天上去搭鹊桥了。鹊桥是用喜鹊的身体搭成的桥。相传是由于牛郎织女真挚的爱情感动了鸟神，而牛郎和织女被银河隔开，为了能够让他们顺利相会，会飞的喜鹊在银河上用身体搭成桥。此后，"鹊桥"便引申为能够连接男女之间良缘的各种事物。

尾部是张开的剪刀状。

家燕

穿花衣的"捕虫工"

南来北往的"游牧民族"

燕子属于候鸟，每年都需要迁徙。北方的冬天非常寒冷，食物也很少，燕子不得不飞到南方去过冬，等到第二年春暖花开的时候它们又会成群结队地飞回来。燕子喜欢在北方繁殖后代，因为北方地区夏季昼长夜短，这样就有更长的时间可以觅食，哺育后代，而且北方地区的天敌较少，可以减少被捕食的压力。

　　家燕在生活中很常见，是属于燕科燕属的鸟。家燕的翅膀狭长而且尖，尾部呈叉状，像一把打开的剪刀，也就是我们常说的"燕尾"。它们体态轻盈，反应灵敏，擅长飞行，能够急速转变方向，经常可以看到它们成对地停落在电线上、树枝上，或者张着嘴在捕食昆虫。它们属于候鸟，快到冬天就会成群结队地飞到南方躲避寒冷，等到第二年春天再飞回来。家燕不害怕人类，它们喜欢在有人类居住的环境下栖息，还会在屋檐下做窝。

穿花衣的小燕子

家燕时而在空中盘旋，时而滑翔到树枝上，经常飞来飞去，跳来跳去，人们常常见到它们，却分辨不出它们到底是什么颜色的。大部分人认为家燕是黑白配色，其实家燕是彩色的，它们额部和下颌是栗红色的，背部羽毛是黑蓝色的，胸前有一缕蓝色羽毛像是戴着一条项链。全身的羽毛在阳光下闪烁着金属光泽，非常美丽。

嘴巴短而宽扁，利于捕食飞虫。

背部为黑蓝色带有光泽，腹部为白色。

翅膀狭长尖细。

家燕

体长：约 15 厘米	分类：雀形目燕科
食性：肉食性	特征：喉部呈红色，身上有蓝紫色的金属光泽，尾部分叉

飞来飞去捉虫忙

家燕是益鸟，主要以蚊、蝇等各种昆虫为食，它们善于在天空中捕食飞虫，不善于在缝隙中搜寻昆虫。它们所需要的食物量很大，一只燕子几个月就能吃掉几万只昆虫，一窝家燕灭掉的昆虫相当于 20 个农民喷药杀死的昆虫，而且还没有污染。所以我们经常能看到燕子在人前飞来飞去，它们那是在忙着捉昆虫呢。

麻雀

人们身边的"小"朋友

🍁 温暖的家

可爱的麻雀与人类是好朋友，属于和人类伴生的鸟，它们常常栖息在有人类居住的地方。麻雀喜欢将自己的巢穴建在人类的房屋屋檐下或是楼道中，有时它们还会霸占燕子的窝。它们会用干草、枯枝来搭建巢穴。

麻雀活动时依靠
双脚跳跃前进。

小小的麻雀，外表并不惊人，可它们却是一直陪伴着人类的好伙伴。麻雀分布广泛，在欧洲、中东、中亚、东亚及东南亚地区都有它们的身影。它们属于杂食性鸟，谷物成熟时，它们会吃一些禾本科植物的种子，在繁殖期时，则主要以昆虫为食。麻雀是非常喜欢群居的鸟，在秋季，人们会发现大群的麻雀，通常数量高达上千只，这种现象被称为"雀泛"。而到了冬季，它们又会组成十几只的小群。它们非常团结，如果发现入侵者，就会一起将入侵者赶走。它们虽然弱小，但却机警聪明而且非常勇敢。

体形很小，
体色为褐色。

翅膀圆短，不能
长距离飞行。

麻雀	
体长：约14厘米	分类：雀形目雀科
食性：杂食性	特征：身体大部分为褐色，喉部为黑色，两颊有黑色斑纹

 ## 麻雀的繁殖

　　麻雀的繁殖能力很强。在北方，每年的3～4月份春天就来了，这也是麻雀开始繁殖的季节，对于繁忙的麻雀来说，只有冬季不是它们的繁殖期。麻雀每窝可以产下4～6枚卵，每年至少可以繁殖2窝，由雌麻雀孵化14天，幼鸟才可以破壳而出。幼鸟会被雌鸟细心照顾一个月的时间，然后就离开巢穴。在温暖的南方，麻雀几乎每个月都会繁殖后代，孵化期也要比在北方短一些。

鸳鸯

体长：41～49 厘米	分类：雁形目鸭科
食性：杂食性	特征：雄性颜色艳丽，有帆状的飞羽，雌性为灰褐色

鸳鸯

爱情的象征

鸳指雄鸟，鸯指雌鸟，合在一起称为鸳鸯。鸳鸯雌雄异色，雄鸟喙为红色，羽毛鲜艳华丽带有金属光泽，雌鸟喙为灰色，披着一身灰褐色的羽毛，跟在雄鸟后面就像是一个灰姑娘跟着一个王子。它们喜欢成群活动，有迁徙的习惯，在 9 月末 10 月初会离开繁殖地向南迁徙，次年春天会陆续回到繁殖地。鸳鸯属于杂食性动物，它们通常在白天觅食，春季主要以青草、树叶、苔藓、农作物及植物的果实为食，繁殖季节主要以白蚁、石蝇、虾、蜗牛等动物性食物为主。鸳鸯生性机警，回巢时，会先派一对鸳鸯在空中侦察，确认没有危险后才会一起落下休息，如果发现有危险则会发出警报，通知小伙伴们迅速撤离。

世界上最美丽的水禽

在水禽中，鸳鸯的羽毛色彩绚丽，绝无仅有，因此鸳鸯被称作"世界上最美丽的水禽"。雄鸳鸯的头部和身上五颜六色的，看上去温暖和谐，它的两片橙黄色带白边的翅膀，直立向上弯曲，像一张帆。鸳鸯的头上有红色和蓝绿色的羽冠，面部有白色条纹，喉部呈金黄色，颈部和胸部呈高贵的蓝紫色，身体两侧黑白交替，喙通红，脚鲜黄，它用色谱中最美丽的颜色渲染自己的羽毛，并镀了一层金属光泽，在阳光的照射下闪闪发光，非常美丽。

雄鸳鸯头上顶着红色和蓝绿色的羽冠。

具有帆状的飞羽。

羽毛上带有金属光泽，在阳光下闪闪发光。

不是所有的鸳鸯都有鲜艳华丽的羽毛，雌性的羽毛是灰褐色的。

 # 成双入对的恩爱夫妻

我们经常见到鸳鸯成双入对地出现在水面上，相互打闹嬉戏，悠闲自得，所以人们经常把夫妻比作鸳鸯，把它们看作是永恒爱情的象征，认为鸳鸯是一夫一妻制，相亲相爱、白头偕老，一旦结为配偶将陪伴一生，如果一方死去，另一方就会孤独终老。自古以来也有不少以鸳鸯为题材的诗歌和绘画赞颂纯真的爱情。其实在现实中，鸳鸯并非成对生活，配偶也不会一生都不变，这只是人们赋予其的象征意义。

鸬鹚

捕鱼小能手

鸬鹚最大的特点就是它们喙末端的弯钩。

在飞翔时它们会伸直脖颈和脚。

鸬鹚的后脚趾很长。

　　鸬鹚属于大型食鱼游禽，善于游泳和潜水。它们的锥形喙强壮带钩，是捕鱼的利器。它们常常栖息于海滨、岛屿、湖泊以及沼泽地带。鸬鹚的种类有很多，代表物种是普通鸬鹚。夏天，它们的头、颈和羽冠呈黑色，并带有紫绿色金属光泽，中间夹杂着白色丝状羽毛，下体呈蓝黑色，下肋处有一块白斑。到了冬季，鸬鹚下肋处的白斑消失，头颈也无白色丝状羽毛。它们不具备防水油，所以在潜水后羽毛会湿透导致不能飞翔，需要张开翅膀在阳光下晒干后才能展翅高飞。到了繁殖的季节，它们会选择在人迹罕至的悬崖、小岛和岸边的树上筑巢，巢穴由枯枝和水草构成，聪明的鸬鹚为了省力有时也会利用旧巢。

🍁 鸬鹚文化

有学者认为《诗经》中"关关雎鸠，在河之洲"里所说的"雎鸠"就是鸬鹚，它们被看作是美满婚姻的象征。鸬鹚经常结伴而行，从筑巢、产卵到哺育后代，都是共同完成，和睦相处，它们之间的亲密和谐关系让人羡慕。

鸬鹚	
体长：约 90 厘米	分类：鹈形目鸬鹚科
食性：肉食性	特征：喙的末端有弯钩，喜欢在水边晾晒羽毛

🍁 渔民是如何利用鸬鹚捕鱼的

　　鸬鹚很聪明，并且有着高超的捕鱼本领。很久以前，我国渔民就驯养鸬鹚为他们捕鱼。渔民让训练有素的鸬鹚整齐地站在船头，并在它们的脖子上戴上一个脖套。当渔民发现鱼时发出信号，鸬鹚就会立刻冲进水里捕鱼，由于鸬鹚脖子上戴了脖套，它们不能将鱼吞进肚子里，只能乖乖地把鱼交到主人的手中，然后继续下海捕鱼。当捕鱼行动结束以后，主人会摘下它们的脖套，奖励它们小鱼吃。这种捕鱼方式听起来残酷，但却很有效。

大雁

"人" 形队伍

🍁 大雁是空中旅行家

大雁是出色的旅行家，每年都要经历两次长途旅行。它们的飞行速度很快，每小时能飞 68 ～ 90 千米，即使这样，一次的迁徙都要经过 1 ～ 2 个月的时间。从老家西伯利亚地区，成群结队地飞到南方过冬，途中要历经千辛万苦，还要休息和寻找食物，但它们一年又一年地南来北往，就像跟大自然有个秘密约定一样。

大雁是雁属鸟的统称，属于大型候鸟，是国家二级保护动物。全世界共有 9 种大雁，我国有 7 种，最常见的有白额雁、鸿雁、豆雁、斑头雁和灰雁等。它们的共同特点是体形比较大，喙基部较高，喙的长度和头部几乎等长。大雁的翅膀又长又尖，有 16 ～ 18 枚尾羽，全身的羽毛大多为褐色、灰色或者白色。大雁是人们熟知的一类需要迁徙的候鸟，它们行动非常有规律，常常在黄昏或者夜晚迁徙，人们经常可以看到大雁们排着 "人" 字形或 "一" 字形队伍从天空中飞过。大雁具有很强的适应性，一般栖息于有水生植物的水边或者沼泽地，属于杂食性鸟，以野草、谷类和虾为食。春天组成一小群活动，在冬天，数百只大雁一起觅食、栖息。

灰雁

| 体长：80～94 厘米 | 分类：雁形目鸭科 |
| 食性：杂食性 | 特征：头顶到后颈暗棕褐色，前颈近白色 |

大雁的翅膀
又长又尖。

在飞行时伸
着美丽的脖子。

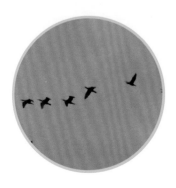

🍁 大雁的飞行队伍

　　在大雁的长途旅行中，它们常常把队伍排成"人"字形或"一"字形，飞行的过程中还不停地发出叫声，像是在喊口号。科学家发现，大雁的眼睛分布在头的两侧，可以看到前方128°的范围，这个角度与大雁飞行的极限角度一致，也就是说，在飞行中，每个大雁都能看到整个雁群，领队鸟也可以看到每一只大雁，这样能够方便交流和调整。

海鸥

天气 "预报员"

海鸥	
体长：40～46 厘米	分类：鸻形目鸥科
食性：肉食性	特征：头颈躯干为白色，翅膀为灰色

扫一扫

扫一扫画面，小动
物就可以出现啦！

🍁 海鸥的羽毛

　　海鸥羽毛的色调是经典的黑白灰，高贵、典雅。在夏季，头、颈呈白色，背、肩和翅膀上的覆羽呈灰色，腰和尾巴上的覆羽呈纯白色，整体的色调宁静而和谐，在海面上展翅富有艺术的美感。到了冬季，它们的头顶、头侧、枕和后颈呈现淡褐色点斑，为孤寂的冬天增添一丝色彩。

　　海鸥是一种中等体形的海鸟，体长 38～44 厘米，体重 300～500 克。海鸥的羽毛呈黑白灰配色，幼鸟上体的颜色基本为白色，带有淡褐色条纹，尾巴上的覆羽带有褐色斑点，尾部呈灰褐色，下部羽毛像雪一样洁白，羽毛颜色整体上与成鸟并无太大的区别。它们在海边很常见，喜欢成群出现在海面上，以海中的鱼、虾、蟹、贝为食。海鸥属于候鸟，分布于欧洲、亚洲及北美洲西部。在我国，它们每到冬天迁徙的时候会旅经东北地区向海南岛飞行，也会飞往华东和华南地区的内陆湖泊及河流。每年春天海鸥就会集结在内陆湖泊或者海边小岛上，然后开始筑巢、繁殖。虽然海鸥的巢穴分布比较密集，但是它们很好地规划了属于自己的领地，互不侵犯。海鸥的寿命一般为 24 年。

海鸥的羽毛是经典的黑白灰配色。

身体下部的羽毛就像雪一样晶莹洁白。

海鸥的喙尖部会有一抹黑色。

海鸥的中空骨骼

　　海鸥能够很准确地预测天气，如果海鸥贴近地面飞行，那就预示着将会有一个大晴天；如果它们不停地在岸边转圈徘徊，那说明天气会变得非常糟糕；如果有海鸥成群结队地从大海远处飞向岸边，或者飞到了沙滩上、躲进了岩石缝隙中，那就预示着暴风雨即将来临。为什么海鸥能够预测天气呢？因为海鸥的部分骨骼是中空的，骨头中间没有骨髓，而是充满了空气，就连翅膀上也是一根根的空心管，这样的骨骼能够随时感受气压的变化，预测天气。

海上航行安全"预报员"

　　海面广阔无垠，航海者在海上航行，很容易因为不熟悉水域地形而触礁、搁浅，或者因天气的突然变化导致无法返航发生海难，这些事情无法预防还会带来严重的后果。后来经过长期的实践，海员们发现可以将海鸥当作安全"预报员"。海鸥经常落在浅滩、岩石或者暗礁附近，成群飞舞鸣叫，这能够为过往的船只发出预警，及时改变航线避免撞礁。如果天气出现大雾迷失了航线，则可以根据海鸥飞行的方向找到港口，所以说海鸥是海上航行安全"预报员"，也是人类的好朋友。

足部短小，
几乎没有蹼。

军舰鸟

怕水的海鸟

🍁 续航力爆棚的军舰鸟

军舰鸟是续航力超强的海鸟，它们每年要花费数月的时间来完成飞越印度洋的迁徙之路。它们会跟随印度洋上空的赤道无风带，利用上升的暖湿气流向上盘旋，达到的理想高度就无需再振翅，等到上升气流消失，军舰鸟开始缓慢地滑翔下降，一次滑翔可达 64 千米之远，这样可以节省大部分体力。军舰鸟每天的飞行距离可达 450 千米且从不间断，科学家们猜测军舰鸟或许会在飞行的途中睡觉，也有科学家猜测它们可以长时间飞行，无须完全进入睡眠状态。

军舰鸟分布于全球的热带、亚热带的海滨和岛屿地区，中国只有西沙群岛有这种鸟。军舰鸟下肢短小，几乎无蹼，翼展达两米，善于飞翔。它们喉部有喉囊，可以用来储存捕到的食物。军舰鸟的羽毛没有防水油，不能下海捕食，所以它们经常抢夺其他海鸟口中的食物。因为它们这种掠食性，早期的生物学家给它们取名叫"frigate bird"，在现代英语中，"frigate"是护卫舰的意思，后来就演变成军舰鸟了。

不能沾水的海鸟

　　与大部分海鸟不同，军舰鸟是不会游泳而且怕水的海鸟，因为军舰鸟的羽毛上不带油脂，没有防水的功能，一旦它们的羽毛沾到水，就很难再起飞，很可能会被淹死。因为它们的羽毛不能沾水，双腿又短，所以它们从不下海捕食鱼类。

喉部的喉囊可以储存食物。

羽毛是不防水的，所以羽毛不可以沾水。

丽色军舰鸟	
体长：约 100 厘米	分类：鹈形目军舰鸟科
食性：肉食性	特征：羽毛为黑色，雄性有一个红色的喉囊

海上的霸道海鸟

　　军舰鸟拥有高超的飞行本领，虽然它们不下海捕鱼还是会在海面上观察鱼群，当有鱼跃出海面时，它们会迅速俯冲将鱼咬住。军舰鸟常常在空中突袭嘴里叼着鱼的其他海鸟，它们以非常凶猛的气势冲向目标，受到攻击的海鸟被军舰鸟吓得丢下嘴里的食物仓皇而逃，丢下的食物就成了军舰鸟的口中餐。因为它们常常从其他海鸟的口中抢食，所以又被称为"强盗鸟"。

天鹅

美善天使

生长繁殖

天鹅的寿命是 20 年左右，有的长达 35 年以上。天鹅在 3 ~ 4 岁的时候成熟（这在鸟类中是比较晚的）；之后每年繁殖一次。卵的体积很大，最大的卵可重达 400 克。天鹅是早成鸟，幼鸟孵化不久就可以在父母小心翼翼的保护下下水游泳了。

天鹅属于游禽，在生物分类学上是雁形目鸭科中的一个属，是鸭科中体形最大的类群，除了非洲外的各大洲均有分布。天鹅是冬候鸟，群居在沼泽、湖泊等地带，主要以水生植物为食，也捕食软体动物及螺类。觅食的时候，头部扎于水下，身体后部浮在水面上，所以只在浅水捕食。

天鹅的种类

　　天鹅属分为 6 种：大天鹅，俗称 " 白天鹅 "，体长可以达到 150 厘米；小天鹅，比大天鹅稍小些，最简单的区别大、小天鹅的方法是看它们嘴后端的黄颜色部分，小天鹅的黄颜色部分不延伸至鼻孔，大天鹅则是延伸过鼻孔；黑天鹅，顾名思义，身体大部分呈黑褐色或黑灰色；黑颈天鹅，它们的颈部为黑色，同时也是体形最小的天鹅；黑嘴天鹅，它们的嘴部是黑色的，很容易辨识；疣鼻天鹅，它们是天鹅中最美丽的一种，它们有着雪白的羽毛，前额有一块黑色的疣突，如同美人一般。

全身的羽毛
洁白无瑕。

在疣鼻天鹅
的前额部位长有
一个疣。

疣鼻天鹅

体长：125 ～ 155 厘米	分类：雁形目鸭科
食性：杂食性	特征：全身为白色，在前额部位有一个疣

脚趾间有发达的蹼。

最忠诚的生灵

　　天鹅多为一夫一妻制，是世界上最忠诚的生灵，它们在生活中出双入对，形影不离，若一方死亡，另一方会为之"守节"，终生单独生活或不眠不食直至死去，因此人们以天鹅比喻忠贞不渝的爱情。

帝企鹅

最大的企鹅

帝企鹅	
体长：100～120 厘米	分类：企鹅目企鹅科
食性：肉食性	特征：身材矮壮，耳部有橘黄色的斑纹

脚上的摇篮

虽然企鹅世代生存在寒冷的南极，但是企鹅蛋不能直接放在冰面上，这样会冻坏企鹅宝宝的。雄企鹅会双脚并拢，用嘴把蛋滚到脚背上，然后用腹部的脂肪层把蛋盖上，就像厚厚的羽绒被一样，为宝宝制造一个温暖的摇篮。

在寒冷的南极生存着一群大腹便便的小可爱——帝企鹅。帝企鹅又称"皇帝企鹅"，是企鹅家族中个头最大的。最大的帝企鹅有 120 厘米高，体重可达 50 千克。帝企鹅长得非常漂亮，背后的羽毛乌黑光亮，腹部的羽毛呈乳白色，耳朵和脖子部位的羽毛呈鲜艳的橘黄色，给黑白色的羽毛一丝彩色的点缀。帝企鹅生活在寒冷的南极，它们有着独特的生理结构。帝企鹅的羽毛分为两层，能够阻隔外界寒冷的空气，也能保持体内的热量不散失。它们的腿部动脉能够按照脚部的温度来调节血液流动，让脚部获得充足的血液，使脚部的温度保持在冻结点之上，所以帝企鹅可以长时间站立在冰上而不会被冻住。

 ## 大海中振翅游泳的冠军

帝企鹅常常需要下海捕鱼，非常擅长游泳，游泳速度每小时 6～9 千米，它们还可以在短距离达到每小时 19 千米的速度。在捕食时，它们会反复潜入水里，每次最长可以维持 15～20 分钟，最深可以下潜到 565 米的深海。

帝企鹅的外层羽毛是细长的管状结构。

雄帝企鹅双腿和腹部下方之间有一块可以孵卵的皮肤。

 ## 缺少味道的世界

爱吃鱼的企鹅其实并不知道鱼的鲜美。企鹅们早在 2000 万年前就失去了甜、苦和鲜的味觉，只能感受到酸和咸两种味道。它们的味蕾很不发达，舌头上长满了尖尖的肉刺，这些特征说明它们的舌头主要不是用来品尝味道的，而是用来捕捉猎物的，捉到猎物后一口吞下，似乎并不在意食物的味道。

扫一扫

扫一扫画面，小动物就可以出现啦！

信天翁拥有一双深邃的黑眼睛。

信天翁

翅膀最长的鸟

🍁 航海者的伙伴

在所有的鸟当中，能以威严的外表得到人们尊重的恐怕就只有信天翁了。航海者在广阔的海面上航行数月，信天翁早已成为他们亲密的伙伴。

信天翁是一种大型海鸟，大部分生活在南半球的海洋区域。过去，人们认为它们是上天派来的信使，能够预测天气，因而得名信天翁。信天翁是所有的大型鸟中最会飞行的，也是翅膀最长的。双翅完全张开后，翼展可以达到3～4米。它们的飞行能力特别强，除了在繁殖后代的时候会回到陆地上之外，其他时间基本上都是在海面上盘旋。

滑翔能手

　　海面上的滑翔能手非信天翁莫属了，它们可是鸟类中名副其实的滑翔冠军呢。信天翁的翅膀狭长，头很小，这样的身体结构便于在海面上滑翔。滑翔机就是根据信天翁的这种身体结构发明的。聪明的信天翁会很巧妙地运用气流的变化掌控滑翔的速度和方向，在滑翔时，它们的翅膀可以几个小时不扇动。

嘴呈肉色，
尖端淡红色。

信天翁	
翼展：300～400 厘米	分类：鹱形目信天翁科
食性：肉食性	特征：翅膀极长

信天翁的后趾
缺少或退化，前三
趾具全蹼。

一夫一妻制

　　信天翁严格地奉行一夫一妻制。当两只信天翁一旦决定在一起的时候，它们忠贞的爱情故事也就拉开了序幕。"婚后"的信天翁夫妇恩爱有加，彼此照顾，相伴而行。它们一起搭建自己的家，一起哺育后代，不离不弃，白头到老。如果其中的一只信天翁死去，另一只不会再找其他的伴侣，只会孤零零地度过余生。所以信天翁也是忠贞爱情的象征。

白鹭

优雅的"白衣天使"

白鹭的美

白鹭是一种非常美丽的水鸟，古代就有诗句"两个黄鹂鸣翠柳，一行白鹭上青天"来赞美白鹭的优雅与美丽，让后人想象其中的诗情画意。白鹭身体修长，有细长的脖子和腿，全身羽毛洁白无瑕，就像白雪公主，许多经典国画中都能看到白鹭展开翅膀、直冲云霄的美丽画面。

白鹭

体长：约56厘米	分类：鹳形目鹭科
食性：肉食性	特征：全身羽毛为白色，在繁殖期头后面有两根长长的羽毛

白鹭属于鹭科白鹭属，是中型涉禽，喜欢生活在沼泽、稻田、湖泊和河滩等处，分布于非洲、欧洲、亚洲及大洋洲。白鹭体形纤瘦，浑身羽毛洁白，头部有两条羽冠，像两个小辫子，喙部尖长，以各种鱼、虾和水生昆虫为食。它们会成群出发，然后各自捕食、进食，互不打扰，也会成群飞越沿海浅水追寻猎物，晚上回来时排成整齐的"V"形队伍。每年的5～7月是白鹭的繁殖期，它们和大部分种类的鹭一样，都是通过炫耀自己的羽毛来进行求偶的。它们喜欢成群地在海边的树杈上筑巢，巢穴构造简单，由枯草茎和草叶构成，呈碟形，离地面较近，最高的也不超过一米。它们的卵呈淡蓝色，椭圆形，每窝产卵2～4枚，孵化期为24～26天，由雌鸟和雄鸟共同孵化、育雏。

头后面有两根
长长的羽毛。

白鹭纤细的腿部及
脚部是黑色的。

🍁 优美的捕食姿势

　　白鹭喜欢捕食浅水中的小鱼。每次捕鱼时，它们都会走进浅水区，然后把脖子折起来，再将身体的重心放低，身体前倾，保持这个动作等待时机，这是白鹭标准的捕鱼动作。有时候白鹭刚刚准备好还没有下去捕鱼就失去了良机，这时就要放松身体，在水边散散步，换个风水宝地再继续等待。白鹭捕鱼是个漫长的过程，几次尝试中总会有一次捕到鱼的。

丹顶鹤

头顶的一抹红色

丹顶鹤的喙又长又尖。

🍁 鹤舞

当丹顶鹤求偶成功后，就会彼此对鸣，然后跳舞。它们昂首挺胸，时而屈膝弯腰，时而跳跃空中，舞姿优美，有时还会把石子抛向空中。丹顶鹤舞蹈中的大多数动作都带有目的性，比如它们会用鞠躬表示友好和爱情，会用弯腰展翅表示怡然自得，会用亮翅表示愉快的心情……

丹顶鹤属于大型涉禽，体长 120 ～ 150 厘米，喙、脖子和腿很长，头顶有红冠，大部分羽毛为白色。栖息于开阔平原、沼泽、湖泊、草地、海边、河岸等处，有时也出现在农田中。它们主要吃鱼、虾、水生昆虫、软体动物，有时也吃一些水生植物。丹顶鹤的骨骼外部坚硬，内部中空，骨骼的坚硬程度是人类骨骼的 7 倍。每年入秋向南迁徙的时候，它们会集结成队，排列成楔形，这样的队形可以让后面的丹顶鹤利用到前面的气流，使飞行更加省力、持久。到了春天它们又会飞回到北方地区开始繁殖后代。

丹顶鹤

体长：120 ～ 150 厘米	分类：鹤形目鹤科
食性：肉食性	特征：头顶部有一块裸露的红色皮肤

丹顶鹤的
骨骼非常坚硬。

在丹顶鹤的
头顶有一块红色
的皮肤。

长长的颈部在飞翔
时会向前伸直。

丹顶鹤的腿
又长又细。

丹顶鹤头顶的红色

　　丹顶鹤因为头上的一抹红色而得名。但是你知道
吗，那一抹红色并不是羽毛，而是裸露的皮肤。丹顶
鹤最大的特点就在于它头顶呈现出的美丽的朱红色，
冠子越红，说明年纪越大。

《丹顶鹤的故事》

　　《丹顶鹤的故事》是由解承强谱写的一首歌曲，诉说着一个有关丹顶
鹤的真实故事。徐秀娟出身于驯鹤世家，毕业后来到盐城自然保护区担任
驯鹤员，为江苏省第一家鹤类饲养场的创建作出了重要贡献。她爱鹤如命，
为了拯救丹顶鹤不幸溺水身亡，将年轻的生命奉献给了自己热爱的事业。

火烈鸟

身体粉红色

火烈鸟

体长：120～140厘米	分类：鹳形目红鹳科
食性：杂食性	特征：全身为粉红色，有弯曲的喙

　　火烈鸟这种古老的鸟，早在3000万年前就已经分化出来了。火烈鸟属于红鹳科，体形大小与鹤相似。它们腿长，脖子长，细长的脖子能弯曲呈"S"形，喙短而厚，中间部分向下弯曲，下喙呈槽状。捕食时，将头伸进水里，需要将喙倒转，才能将食物吸进喙里。它们主要栖息于温带及热带的盐水湖泊、沼泽等浅水地带，吃一些小虾、蛤蜊、昆虫和藻类。火烈鸟喜欢结群生活，鸟群数量巨大。就连繁殖时期求偶都是成群结队地去，但是它们可是一夫一妻制的。浪漫的火烈鸟巢穴当然也不会很差，个个都是海景房，要么筑成水中的"小岛"，要么三面环水，巢穴由泥巴混合着草茎的纤维物质构成，不仅好看还很耐用。

火烈鸟羽毛是泛红的颜色。

火烈鸟特别之处是，上喙小于下喙。

火烈鸟脖子细长，弯曲呈"S"形。

腿细长，睡觉时常常抬一只腿，把头埋进翅膀里。

🍁 火烈鸟的寓意

火烈鸟披着粉红色羽毛，高雅地站在水中，给人以不食人间烟火、清新脱俗的感觉。它们象征着爱情、自由、潇洒。

🍁 像火焰一样的羽毛

　　火烈鸟的羽毛是粉红色的，翅膀基部的羽毛更加光鲜亮丽，从远处看，就像燃烧的火焰，因此叫作火烈鸟。它这一身红色独特又美丽，但这红色羽毛并不是它们原本的色彩，而是因为火烈鸟通过食用小虾、小鱼和浮游生物获得了虾青素，从而使原本洁白的羽毛变成了粉红色。

金雕

勇猛的"飞行员"

金雕		
体长：约 100 厘米，翼展可达 200 厘米	分类：隼形目鹰科	
食性：肉食性	特征：翅膀宽大，头顶的羽毛为金褐色	

　　金雕属于大型猛禽，成鸟翼展可达 2 米，体长足足有 1 米，浑身覆盖着褐色的羽毛。它们生活在草原、荒漠、河谷，特别是高山针叶林中，也常常盘旋在海拔 4000 米以上的悬崖峭壁之间，偶尔也在空旷地区的高大树木上停歇。它们的巢穴通常建造在高大乔木之上，有时也建在悬崖峭壁上。高冷的金雕喜欢独自出行，只有在冬天它们才会聚集在一起。它们善于用滑翔的姿势捕食猎物，两翅向上呈"V"状，用两翼和尾巴来调节方向、速度和高度，看到猎物以后，以每小时 300 千米的速度滑翔下来，将猎物紧紧抓住。金雕的食物种类很丰盛，如雉鸡、松鼠、鹿、山羊、野兔等。在古代，游牧民族曾经有驯养金雕狩猎和看护羊圈的习俗。

金雕的繁殖方式

　　金雕的繁殖时间因地而异，在北京地区，2 月份就有金雕在天空盘旋追逐求偶，到了 2 月中旬就能产卵；在东北地区，繁殖期一般为 3 ～ 5 月；在俄罗斯，要 4 月份才开始产卵。每窝平均产卵 2 枚，卵为白色或青灰白色，上面带有褐色斑点。雌鸟和雄鸟轮流孵卵，孵化期一般为 45 天。金雕的幼鸟晚熟，一般要 3 个月以后才开始生长羽毛，存活率也不是很高。幼鸟出壳后，雌鸟和雄鸟再哺育 80 天即可离巢。

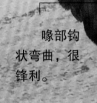

喙部钩状弯曲，很锋利。

爪子尖而有力，能将猎物牢牢地抓住。

 ## 金雕狩猎

　　金雕除了能看护羊圈、驱赶狼的偷袭，还能够捕捉猎物，给当地人带去很多好处，但是频繁为人类工作也损伤了它们的身体，使它们的寿命大幅度地缩短。人们饲养的金雕寿命要比野生金雕的寿命短很多。

孔雀

"戴皇冠"的开屏舞者

🍁 白孔雀

白孔雀是由蓝孔雀变异而来，浑身羽毛洁白无瑕，眼睛呈淡红色，开屏时，就像一个穿着婚纱的少女，美丽而高贵。它们的数量较为稀少，极具观赏价值。

尾部较长，色彩艳丽，可开屏。

蓝孔雀

体长：90～230厘米	分类：鸡形目雉科
食性：杂食性	特征：有着非常艳丽的羽毛颜色，长长的尾羽能够开屏

孔雀属于鸡形目，雉科，又名"越鸟"，原产于东印度群岛和印度。雄鸟羽毛华丽，尾部有长长的覆羽，羽尖带有彩虹光泽，覆羽可以展开，在阳光的照射下光彩夺目。孔雀的头部有一簇羽毛，更加凸显它们的高贵与美丽。孔雀生性机灵、大胆，常常几十只聚在一起，早晨鸣叫声此起彼伏。它们的翅膀不够发达，脚却强健有力，善于奔走，不善于飞行。行走的姿势与鸡一样，一边走一边头点地。孔雀生活在高山乔木林中，最喜欢生活在水边。它们在地面上筑巢，却喜欢在树上休息。孔雀的食性比较杂，主要以种子、昆虫、水果和小型爬行类动物为食。

头上有羽冠。

孔雀是鸡形目中体形最大的，体长可达2米。

绿孔雀

绿孔雀是鸟中皇后，国家一级保护动物，羽毛有七种颜色。绿孔雀羽冠呈长条形，雄孔雀羽毛翠绿，下部闪烁着紫铜色光泽，尾部覆羽发达，开屏时闪耀着光芒，光彩夺目。

美丽的尾巴

孔雀尾羽的图案很奇特，像是一只只眼睛，雄性孔雀的尾巴羽毛很长，展开时就像一把大扇子。在繁殖的季节，雄性孔雀会展开自己绚丽夺目的尾巴来吸引雌性孔雀，雌性孔雀会根据雄孔雀羽屏的艳丽程度来选择配偶。孔雀尾巴不仅仅能用来求偶，还有很多作用：在飞行时，可以起到保持平衡、控制飞行的作用；在遇到危险时展开尾羽，不断抖动，发出"沙沙"的声音，利用像眼睛一样的斑纹吓唬敌人。

🍁 一步八米的强壮大腿

鸵鸟身材高挑，有一双大长腿，是世界上唯一的仅有两个脚趾的鸟类。它的外脚趾较小，内脚趾特别发达，非常适合奔跑和跳跃。它们一跃可跳 2.5 米高，一步可跨 8 米远，最快的奔跑速度可达每小时 70 千米以上，实在令人惊叹。

鸵鸟
沙漠中的骏马

　　鸵鸟最早出现在始新世时期，曾经种类繁多，主要分布于非洲北部和亚欧大陆。鸵鸟是世界上最大的鸟，也是唯一的二趾鸟。它们身材高大，翅膀和尾部披着漂亮的长羽毛，脖子细长，上面覆盖着棕色茸毛，羽毛蓬松而且下垂，就像一把大伞，可以在沙漠中起到绝热的作用。鸵鸟长着一对炯炯有神的大眼睛，一颗眼球重达 60 克，而且有非常好的视力，可以看清 3～5 千米远的物体。它们在群体进食时，不会一直低着头，会轮班抬头张望，这样可以在第一时间发现敌情，并以最快的速度躲避。鸵鸟的世界是一夫多妻制，一只雄鸟会配 3～5 只雌鸟。它们的寿命很长，可以活到 60 岁。

🍁 不会飞的大鸟

鸵鸟是一种原始的鸟类，长着一对宽大的翅膀，却不会飞行。其实鸵鸟的祖先是会飞的，但是随着生活环境的不断变化，奔跑显得比飞行更加重要，这使它们逐渐向善跑和体形高大的方向进化，飞行的能力随之丧失。

有一对宽大的翅膀，但是却不会飞。

像蛇一样长长的脖子上几乎没有羽毛。

一双大长腿让它们拥有最快的奔跑速度。

现存鸟类中唯一的二趾鸟类。

鸵鸟	
体长：最大约 270 厘米	分类：鸵鸟目鸵鸟科
食性：杂食性	特征：颈部和腿特别长，有黑色和白色的羽毛

🍁 其实不会把头埋进沙子里

传说鸵鸟遇到危险会把头埋进沙子里来躲避危险，这其实是对鸵鸟的误解，这一误解来源于普林尼的一句话："鸵鸟认为当它们把头和脖子戳进灌木丛里时，它们的身体也跟着藏起来了。"后来流言就变成鸵鸟是将头埋进沙子里。其实它们根本不会那样做，危险来临时鸵鸟只会逃跑。

103

金刚之身的解毒秘诀

金刚鹦鹉的食谱是由花朵和果实组成的，其中包括许多有毒的种类，但是金刚鹦鹉却不会中毒。它们百毒不侵的本领源于它们所吃的泥土，当它们吃了有毒的食物之后，要去吃一种特殊的具有神奇治疗效果的黏土，这种黏土就是解毒剂，可以与金刚鹦鹉吃下的毒素中和，防止鹦鹉中毒。

金刚鹦鹉
彩色羽毛的"语言专家"

绯红金刚鹦鹉

体长：约1米	分类：鹦形目鹦鹉科
食性：植食性	特征：颜色非常艳丽

金刚鹦鹉色的羽毛彩明亮艳丽。它们体长约1米，重约1.4千克，是体形最大的鹦鹉。金刚鹦鹉最有趣的地方是它们的脸，脸上无毛，情绪兴奋时脸上的皮肤会变成红色，非常可爱。它们栖息在海拔450～1000米的热带雨林中，喜欢成对活动，在繁殖时期会成群活动。它们会在中空的树干内或悬崖的洞穴内筑巢。金刚鹦鹉每窝繁殖的后代很少，加上栖息地被破坏、猎捕严重等原因，导致它们的数量在慢慢减少。我们要大力保护它们，不要让这么可爱的金刚鹦鹉消失不见。

锋利无比的弯钩鸟喙

之所以被称为金刚鹦鹉，除了它们百毒不侵的身体，就是它们强劲有力的喙了。在亚马孙森林中长着许多棕树，它们的果实都有着坚硬的外壳，人们利用工具都很难打开，而金刚鹦鹉仅凭喙部就能打开果壳，吃到果肉，可以说它们是鹦鹉中的"大力士"了。

金刚鹦鹉是体形最大的鹦鹉，它们色彩艳丽，羽毛颜色丰富。

金刚鹦鹉的喙部较大，呈镰刀状，很锋利，能啄开坚硬的坚果。

金刚鹦鹉每只脚有四趾，两趾在前，两趾在后。

口齿伶俐的语言专家

金刚鹦鹉很聪明，它们不仅会"嘎嘎"地叫，还具有超强的模仿能力，能够模仿多种不同的声音。它们较容易接受人类的训练，可以模仿人类说话。除了人类的语言，它们还能模仿小号声、火车鸣笛声、流水声、狗叫声和其他鸟的声音等。八哥、鹩哥等会模仿声音的鸟都不如它们口齿伶俐。

啄木鸟

森林的医生

啄木鸟的听觉十分灵敏，它们就是靠听觉寻找树皮下的猎物的。

坚硬的喙，能像凿子一样剥开树皮。

翅膀上有白色的小斑点。

啄木鸟的爪子非常有力，能抓住树皮在树干上攀爬。

尾巴在啄木鸟敲击树干的时候能稳稳地撑住身体。

　　在寂静的森林里，总是会传来"笃、笃、笃"的响声，听起来就好像是有人在敲门一样。这是怎么一回事呢？原来，是一种非常特别的鸟正在用它们坚硬的喙敲打树干，它们就是啄木鸟。啄木鸟是鸟纲鴷形目啄木鸟科鸟的统称。这些鸟的头部比较大，喙部像凿子一样笔直而坚硬。它们用喙敲打树干其实是为了寻找躲藏在树干里面的昆虫。它们把尾巴当作支撑，用锋利的脚爪抓住树干，然后用坚硬的喙啄开树皮，把树干里面躲藏着的幼虫用细长的舌头钩出来吃掉。因为它们的主要食物是危害树木的昆虫，所以人们把啄木鸟叫作"森林医生"。

美味藏在树干里

啄木鸟喜欢吃的昆虫大多躲藏在树干或者树洞里。它们围绕着树干螺旋形地攀爬，寻找幼虫可能藏身的地方。啄木鸟的食量很大，成年的啄木鸟每天能吃掉数百只到上千只昆虫。

每年都要住新房子

在繁殖的季节，雄性啄木鸟会大声鸣叫，并且用喙部敲击空树干和金属等东西，发出很大的响声，以此来炫耀自己，吸引啄木鸟姑娘们的目光。如果两只啄木鸟结成了伴侣，它们就会共同寻找一棵树芯已经腐烂的大树，在树干上面啄出一个树洞来当作巢穴。每一年的繁殖季节啄木鸟都会啄一个新的树洞。两只啄木鸟会共同孵卵，大约两周，小啄木鸟就破壳而出啦！

大斑啄木鸟	
体长：20 ～ 24 厘米	分类：䴕形目啄木鸟科
食性：杂食性	特征：肩部和翅膀上有白斑

 ## 我的脑袋不怕震

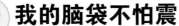

啄木鸟敲击树干的速度非常快。经过测算，啄木鸟每秒能啄 15 ～ 16 次，头部摆动的速度可以达到每小时 2000 多千米！为了避免冲击力伤害到脆弱的大脑，啄木鸟的头骨十分坚固，它们大脑周围的骨骼结构类似海绵，里面含有液体，有着良好的缓冲和减震作用。这样一来，啄木鸟敲击树干所产生的冲击力就会被完美地吸收掉，不会对它们产生任何不利的影响。

蜂鸟
世界上最小的鸟

蜂鸟

体长：约几厘米到十几厘米不等	分类：雨燕目蜂鸟科
食性：杂食性	特征：颜色艳丽，有细长的喙，能做出悬停的飞行动作

　　之所以叫它们为蜂鸟，是因为它们扇动翅膀的声音和蜜蜂"嗡嗡嗡"的声音非常相似。蜂鸟是世界上所有的鸟中体形最小的，所以它们的骨架不易于形成化石保存下来，迄今为止，它们的演化史还是个谜。别看它们的身躯小小的，却蕴藏着惊人的能量。只要有足够的花朵和花蜜，它们在任何的陆地环境下都能够生存，它们的生命力很顽强，是一般的鸟所不能企及的。

🍁 羽毛颜色鲜艳

　　蜂鸟的体形娇小，身体被鳞状的羽毛所覆盖。它们的羽毛颜色各异，而且非常鲜艳，有蓝色的，有绿色的，有红色的，还有黄色的，等等。其中，雌鸟的羽毛颜色相比雄鸟的要暗淡一点，但也是很漂亮的。

有力的翅膀可以快速地扇动，发出"嗡嗡嗡"的声音。

蜂鸟的喙又细又长，有的向下弯曲。

蜂鸟身披鲜艳的羽毛。

🍁 飞行能手

　　蜂鸟是不折不扣的飞行能手，它们的翅膀扇动快速而有力，每分钟可以扇动 15 ～ 80 次，具体次数根据蜂鸟的体形大小而决定。蜂鸟还可以在空中徘徊"停飞"，甚至还能够倒着飞。蜂鸟和雨燕有着比较近的亲缘关系。

🍁 强烈的好奇心

　　蜂鸟对花朵情有独钟，对一切色彩鲜艳的事物拥有强烈的好奇心，但这些自己钟爱的花朵也常常令蜂鸟处于危险的境地。蜂鸟有的时候会把车库门口的红色门闩误认为是花朵，然后义无反顾地飞进去并被困在车库里面。当蜂鸟意识到自己可能再也飞不出去了，出于求生的本能，就会向上飞，而且很有可能会在这期间因精力耗尽而死去。

海洋生命

🦂 奇特的繁殖方式

海马是一种由雄性完成生育过程的动物。雄性海马的腹部长有育子囊，繁殖期时，雌海马会将卵子排到育子囊中，然后由雄海马给这些卵子受精，雄海马会一直将这些受精卵放在育子囊里，等待小海马孵化出来长到可以自立的时候，再把这些幼崽释放到海里。

三斑海马

体长：约15厘米	分类：刺鱼目海龙科
食性：肉食性	特征：头部类似马头，依靠背鳍和胸鳍游泳

身体表面的皮肤比较坚韧。

海马
模范爸爸

海马是一种生活在海藻丛或珊瑚礁中的小型鱼，因为头部的外观看起来和马相似而得名。海马用吸入的方式捕食，一般在白天比较活跃，到了晚上则呈静止状态。

海马通常喜欢生活在水流缓慢的珊瑚礁中，大多数海马生活在河口与海的交界处，能够适应不同盐度的水域，甚至在淡水中也能存活。海马游不快，它们的行动非常缓慢，通常用它们卷曲的尾巴缠绕在珊瑚或海藻上以固定自己，以免被水流冲走。

海马的嘴巴像一根管子，它们利用这根管子将微小的浮游生物吸进嘴里。

海马的背鳍是它们游泳的主要动力。

尾巴很灵活，能钩住水草或者其他东西来固定自己。

 海马的运动方式

海马将身体直立于水中，靠着背鳍和胸鳍以每秒 10 次的高频率摆动来完成其游泳的动作。不过它游泳的速度非常慢，每分钟只能游 1～3 米。

扫一扫

扫一扫画面，小动物就可以出现啦！

叶海龙

高超的伪装大师

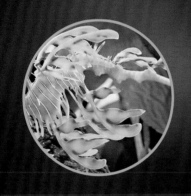

 ## 杰出的伪装大师

叶海龙可以说是海洋中当之无愧的伪装大师，它们在保持不动的静止状态下是很难被发现的。其身体上长着许多像海藻一样的附肢，这些附肢在水流的作用下自由地、无拘束地漂荡，与众多海藻融为一体，使掠食者很难发现它们的行踪。

在澳大利亚南部和西部浅海的海藻丛中，生活着世界上最高超的伪装大师——叶海龙。它们的整个身体都与海藻丛融为一体，如果不仔细观察的话，你只能看到一丛丛随着海流摇曳的海藻。

叶海龙是海洋世界中最让人惊叹的生物之一，它们拥有美丽的外表和雍容华贵的身姿，主要生活在比较隐蔽和海藻密集的浅水海域，身上布满了海藻形态的"绿叶"。这些"绿叶"其实是其身上专门用来伪装的结构，在海水的带动下，身上的"叶子"随着水流漂浮，泳态摇曳生姿，真可以称得上是世界上最优雅的泳客。

眼睛可以
自由转动。

嘴巴呈管状，
用以吸取捕捉小
型甲壳动物。

小小的背鳍是
它们主要的动力来
源之一。

身上有很多
像叶片一样的凸
起物。

雄性叶海龙将
受精卵附着在这里，
等待它们孵化。

叶海龙

体长：约 45 厘米	分类：海龙目海龙科
食性：肉食性	特征：身体上有大量的树叶状结构，非常美丽

 雄性生宝宝

　　叶海龙和海马一样，由雄性承担孕育和孵化小叶海龙的职责。每到它们交配的时候，雌性叶海龙就会把排出的卵转移到雄性叶海龙尾部的卵托上，雄性会小心翼翼地保护好自己的卵宝宝。大概 6 ～ 8 周之后，雄性叶海龙将卵孵化成幼体叶海龙。但令人惋惜的是，在残酷的大自然中，只有大约 5% 的卵能够幸运地存活下来。幼年叶海龙一出生，就完全独立了，它们吃一些小的浮游动物。

鲸鲨

温柔的海中大鱼

鲸鲨的身体表面有白色的斑点，这种像星空一样的花纹是它们最明显的特征。

虽然长了一张大嘴巴，但是鲸鲨只吃那些非常小的浮游生物和鱼。

鲸鲨

体长：约12米	分类：须鲨目鲸鲨科
食性：肉食性	特征：身体表面有白色的斑点，嘴巴宽大

鲸鲨在海洋中优雅地游弋了千万年，它们华丽的礼服就像璀璨的群星点亮了深蓝色的海洋。鲸鲨是世界上最大的鱼，它们游得很慢，平均每小时只能游5000米左右。它们体形庞大，性情温和，遇到潜水员也不会主动攻击。鲸鲨有着长达70年的寿命，就让它们惬意地徜徉在广阔的海洋里吧。

尾鳍提供
游泳的动力。

身体的表面
有几道棱。

宽大的胸鳍
可以保持平衡。

🌿 鲸鲨的繁殖

　　虽然近些年来，人类与鲸鲨频繁接触，但是对它们的繁殖方式和种群数量等都所知甚少。一些现象显示鲸鲨可能在加拉帕戈斯群岛、菲律宾群岛和印度周边海域繁殖。1996 年，我国台湾台东地区的渔民意外捕获了一条雌性鲸鲨，在它体内发现了 300 多条幼鲨和卵壳，才让我们了解到鲸鲨是一种卵胎生的动物。鲸鲨的卵在体内孵化，等到幼鲨长到 40 ～ 50 厘米后才会离开母体。

🌿 大口吞四方

　　在食物丰富的海域，鲸鲨也会聚集成群，例如在菲律宾、澳大利亚和墨西哥的近海海域常常能见到成群的鲸鲨。它们依靠灵敏的嗅觉觅食，主要捕食浮游生物、藻类、磷虾、漂浮的鱼卵以及小型鱼。每次捕食它们都会张开那张如宇宙黑洞般的大嘴，将食物吸入口中，再闭上嘴巴，将多余的海水从鳃片过滤出去。

大白鲨

凶猛的大洋霸主

🌿 鲨鱼的皮肤

鲨鱼的皮肤分泌大量黏液，既可以减少游泳阻力，还能防止寄生虫的侵袭，为鲨鱼的身体提供一定的保护。鲨鱼的皮肤表面布有细小的盾鳞。虽然叫作"鳞"，但盾鳞的结构却与牙齿同源，内部有像牙髓腔一样布满血管的空腔，外表包裹着坚硬的牙本质，表面还有一层牙釉质。因此，说大白鲨"全身都是牙"也不为过。这些细小的"牙齿"使得鲨鱼的皮肤逆向摸起来就像砂纸一样粗糙。

大白鲨是现存体形最大的捕食性鱼，长达 6 米，体重约 1950 千克，雌性的体形通常比雄性的大。大白鲨广泛分布于全世界水温在 12 ～ 24℃的海域中，从沿岸水域到 1200 米的深海中都能见到它的身影。幼年的大白鲨主要以鱼类为食，长大一些之后开始捕食海豹、海狮、海豚等海洋哺乳动物，也捕食海鸟和海龟，甚至啃噬漂浮在海面上的鲸尸。捕猎时，大白鲨喜欢从正下方或者后方以超过 40 千米/时的速度突然袭击猎物，猛咬一口后退开等待，在猎物因失血过多而休克或死亡时，再来大快朵颐。

大白鲨		
体长：约6米	分类：鼠鲨目鲭鲨科	
食性：杂食性	特征：体形庞大，牙齿十分锋利	

大白鲨的牙齿呈三角形，边缘有锯齿，非常锋利。

腹部的颜色比较浅，背部的颜色比较深，这样的体色可以让它们隐藏在海水中不被猎物发现。

文学艺术作品中的大白鲨

　　小说《大白鲨》于1975年被改编成同名电影，在当时引起了轰动，使得不少游客都害怕去海边游泳。自此之后的影视作品、动画片和电脑游戏都将大白鲨描绘成潜伏在幽暗的深海中，龇牙咧嘴试图将每一个人撕成碎片的恐怖"海怪"。早在1778年的油画《沃特森与鲨鱼》中，也描绘了鲨鱼攻击人类的场景。然而现实中的大白鲨并不喜欢吃人，它们往往因为把人类误认成它们最喜欢的海狮和海豹而造成"误伤"，当大白鲨发现咬到的是骨头多脂肪少的人后，多半会放开并转身离去。

锯鳐

海中 "电锯惊魂"

吻部的锯齿形成一把"锯子"，它们就是靠这把"锯子"捕食的。

栉齿锯鳐

体长：约 7 米	分类：锯鳐目锯鳐科
食性：肉食性	特征：吻部较长，两侧有锋利的齿

在大海之中，有一种身上带着可怕锯子的家伙正潜伏在水底，等待着猎物送上门来。它们长得有点像鲨鱼，但又不是鲨鱼，这就是神秘的锯鳐。

锯鳐生活在热带及亚热带的浅水水域，它们经常出没于港湾和河口。顾名思义，锯鳐就是带有锯子的鳐鱼，因为它们的吻部很像锯子而得名。锯鳐除了在水中巡游，其余时间就把自己隐藏在水底。当有小鱼经过的时候，它们就会突然跃起，挥舞着"大锯"砍向猎物。

背部有
两个背鳍。

腹部扁平，适
合潜伏在沙地里。

🦑 凶残的捕食者

锯鳐的吻部扁平而狭长，边缘带有坚硬的吻齿，像一把锯，它们就使用这巨大的"锯"来翻动海底的沙子，捕食猎物。如果你认为它是一种性格温和、行动缓慢的鱼类，那你就错了。它们可是凶残的捕食者。头上的"锯子"是一种致命武器，具有极强的威力，可以将小鱼砍成两半。锯鳐速度很快，每秒能发动数次横向攻击。

🦑 自己也能生宝宝的锯鳐

锯鳐属于卵胎生动物，每胎能够生出 10 多条小锯鳐。刚出生的小锯鳐有一个很大的卵黄囊，吻上的齿很柔软，随着成长慢慢变硬。2015 年，科学家们在野外惊奇地发现一些锯鳐是由孤雌生殖而产生的。这是迄今为止，在自然界发现的第一种能进行无性繁殖的脊椎动物。

流线型的身体让金枪鱼能以极快的速度游泳。

金枪鱼的眼睛很大，它们的视力很好。

金枪鱼

温血的"鱼雷"

金枪鱼生活在低中纬度海域，在印度洋、太平洋与大西洋中都有它们的身影。金枪鱼体形粗壮，呈流线型，像一枚鱼雷。它们有力的尾鳍呈新月形，为它们在大海中快速冲刺提供了强大的动力，是海洋中游速最快的动物之一，平均速度可达 60 ～ 80 千米 / 时，只有少数几种鱼能够和它们一较高下。鱼类大部分是冷血动物，金枪鱼却可以利用泳肌的代谢使自己的体温高于外界水温。金枪鱼的体温能比周围的水温高出 9℃，它们的新陈代谢十分旺盛，为了能够及时补充能量，金枪鱼必须不停地进食。它们食量很大，乌贼、螃蟹、鳗鱼、虾等各种各样的海洋生物都能成为它们的食物。

蓝鳍金枪鱼	
体长：可达 2.4 米	分类：鲈形目鲭科
食性：肉食性	特征：身体呈流线型，有新月形的尾鳍

胸鳍较长。

 ## 巨大的金枪鱼

2015 年 1 月，一位女渔民钓到了她一生中遇到的最大的金枪鱼——一条重达 411.5 千克的太平洋蓝鳍金枪鱼，它的体形足以达到小象的两倍大！她努力了近 4 个小时才将这条金枪鱼拖到船上。据估算，这条巨大的金枪鱼足以做出 3000 多罐罐头。蓝鳍金枪鱼是世界上最大的金枪鱼，它们的寿命约为 40 年。

小丑鱼

鱼中的京剧家

眼斑双锯鱼(公子小丑鱼)

体长：约11厘米	分类：鲈形目雀鲷科
食性：杂食性	特征：身体橘黄色，有白色的斑纹

小丑鱼身上橘黄色和白色相间的斑纹让它们看上去非常可爱。

在几条共同生活的小丑鱼中，体形最大的一条是雌性，其他的都是雄性。

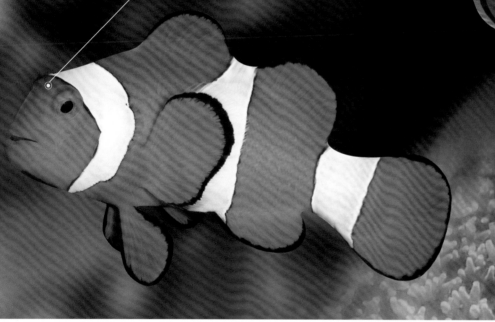

　　"小丑鱼"是雀鲷科海葵鱼亚科鱼的俗称。小丑鱼的颜色鲜艳明亮，相貌非常俏皮可爱，脸部及身上带有一条或两条白色条纹，好似京剧中的丑角，因此被称作"小丑鱼"。活泼可爱的小丑鱼在珊瑚中穿梭就像是水中的精灵。小丑鱼不仅长相奇特，还是为数不多的可以改变性别的动物，它们中的雄性可以变成雌性，但是雌性不能变成雄性。在小丑鱼的鱼群中，总有一个位居统治者地位的雌性和几个成年的雄性，如果雌性统治者不幸死亡，就会有一个成年雄性转变为雌性，成为新的统治者，周而复始。

海葵带有刺细胞的触手是其他动物的陷阱，但是对小丑鱼来说则是它们温暖的家。

人们都爱小丑鱼

因为小丑鱼颜色鲜艳，活泼可爱，人们都喜欢饲养它作为宠物。饲养小丑鱼非常简单，只需喂一些颗粒料、碎虾肉就可以，在前两个月需要在食物中添加一些虾青素或者螺旋藻粉，这样可以使它的颜色保持鲜艳。

小丑鱼和海葵是如何共生的

在小丑鱼还是幼鱼的时候就会找个海葵来定居，它们会很小心地从有毒的海葵触手上吸取黏液，用来保护自己不被海葵蜇伤。海葵的毒刺可以保护小丑鱼不受其他鱼的攻击，同时小丑鱼还能吃到海葵捕食剩下的残渣，这也是在帮助海葵清理身体。

蝴蝶鱼

珊瑚中的蝴蝶

 蝴蝶鱼的恋爱史

蝴蝶鱼不像其他鱼那样成群结队地求偶，它们很专注，通常都是一对一地求偶。体形较大的雄鱼会引诱雌鱼离开海底，然后雄鱼会用自己的头和吻部去碰触雌鱼的腹部，再一起游向海面，在海面排卵、受精，然后再返回海底。受精卵一天半就可以孵化，但初生的幼鱼需要在海上漂浮一段时间才会回到海底的家。

三间火箭蝶

体长：约20厘米	分类：鲈形目蝴蝶鱼科
食性：肉食性	特征：身体上有橙黄色的条纹，后部有一个黑色斑点

蝴蝶鱼广泛分布于世界各温带和热带海域，大多数生活在印度洋和西太平洋地区。这里有着美丽的珊瑚礁海域，是蝴蝶鱼的家。蝴蝶鱼体形较小，是一种中小型的鱼，其特征是在身体的后部长有一个眼睛形状的斑点。蝴蝶鱼大多有着绚丽的颜色，有趣的是，它们的体色会随着成长而发生变化，即使是同一种蝴蝶鱼，幼年和成年的时候也"判若两鱼"。

蝴蝶鱼一般在白天出来活动，寻找食物、交配，到了晚上就会躲起来休息。它们行动迅速，胆子小，受到惊吓会迅速躲进珊瑚礁中。蝴蝶鱼的食性变化很大，有的从礁岩表面捕食小型无脊椎动物和藻类，有的以浮游生物为食，有的则非常挑食，只吃活的珊瑚虫。

身体上有从上到下贯穿身体的条纹。

身体后部的眼状斑点是蝴蝶鱼科鱼的重要特征。

嘴巴尖细，以细小的无脊椎动物为食。

🪸 在哪儿能看见蝴蝶鱼

　　蝴蝶鱼生活在热带到温带水域的海洋中，有时也可以在半咸水的河口或封闭的港湾见到它们。它们喜欢沿着岩礁陡坡游动，在海中，我们也常常会在浅水处的珊瑚礁附近见到它们，还有一些会出现在 200 米以下的深水中。蝴蝶鱼的幼鱼和成鱼常常活动在不同的区域，一些研究学者认为，蝴蝶鱼原来很可能是生活在海洋表层的鱼而并非珊瑚礁鱼。

🪸 身体后面长了眼睛吗

　　一些种类的蝴蝶鱼身体后半部分长着一个扭曲的眼状斑点，这个斑点和眼睛很像，但却长在和眼睛相反的位置。为了弄清这个斑点的作用，科学家们利用一些肉食鱼进行了实验，结果发现这些肉食鱼通常会主动攻击模型上带有眼斑的一端。因此科学家认为蝴蝶鱼的眼点主要是引诱敌人找错攻击位置的，这样能够增加被攻击后的幸存概率。

眼睛鼓起，很像青蛙的眼睛。

在海滩上，弹涂鱼经常高高跃起，向同类展示自己。

弹涂鱼

离开水的鱼

　　潮水退去，红树林的泥滩上有一些小鱼在蹦蹦跳跳，有的还在爬行，它们是搁浅了吗？其实它们并没有搁浅，这些小鱼的家就在这里，它们的名字叫作弹涂鱼。

　　世界上共有25种弹涂鱼，我国常见的有弹涂鱼、大弹涂鱼和青弹涂鱼等种类。弹涂鱼生活在靠近岸边的滩涂地带，它们生命力顽强，能够生存在恶劣的水质中。只要保持湿润，弹涂鱼离开水后也可以生存。在陆地上它的鳍起到了四肢的作用，可以像蜥蜴一样爬行。在急躁或者受到惊吓时，它们还可以用尾巴敲击地面，让自己跳跃起来。每到退潮时就会看到一群弹涂鱼在滩涂地带的泥滩上跳跃、追逐，是非常有趣的。

🐟 弹涂鱼吃什么

　　除了捕食小鱼小虾，弹涂鱼还会吃泥土中的有机质，小昆虫也是它们喜欢的食物之一。弹涂鱼生活在近海岸的滩涂上，每到退潮以后就会看见它们在滩涂上跳跃觅食。它们会把自己的嘴巴贴在泥滩表面，像耕田似的吸食底栖藻类。在滩涂上成群觅食的弹涂鱼密密麻麻形成一片，场面非常壮观。

鳃部鼓起，
里面可以储存
空气和水。

弹涂鱼的胸
鳍可以用来爬行。

大弹涂鱼		
体长：约 20 厘米	分类：鲈形目虾虎鱼科	
食性：杂食性	特征：身体呈褐色，有蓝色的斑点	

🐟 弹涂鱼的洞

　　退潮以后滩涂很快就会干涸，弹涂鱼不能离开水太久，因此它们需要一个洞来帮助呼吸。它们会在滩涂上挖洞，一直挖到水线以下然后再挖上来，整个洞呈"U"字形。这个洞除了可以避难和提供氧气以外，还可以当抚育室。但是当弹涂鱼把卵安放在洞里的时候，常常会发生缺氧的状况，所以成年的弹涂鱼不得不一口一口地往洞中吹气。在退潮时，洞口会被淹没，清理洞口也是非常必要的，因此弹涂鱼为了生存每天要不停地忙碌。

旗鱼

最快的鱼

 旗鱼是如何繁殖的

旗鱼具有繁殖洄游的习性。它们依据大小组成鱼群，在太平洋进行生殖洄游。有趣的是，处于发情阶段的雄鱼，身上的纹路会变得散乱不齐，处于成熟生殖期的雄鱼体色鲜艳亮丽，而雌鱼则体色有些灰暗。

剑形的吻部是旗鱼用来捕猎和攻击敌人的最好武器，甚至能将木船刺出一个洞来。

大西洋旗鱼

体长：约3米	分类：鲈形目旗鱼科
食性：肉食性	特征：吻部呈剑形，背鳍像一面旗子

它们身形似剑，尾巴弯如新月，吻部向前突出像一把长枪，最具标志性的特点就是它们发达的背鳍，高高的背鳍就像是船上扬起的风帆，又像是被风吹起的旗帜。它们是海洋中游泳速度最快的鱼。它们就是旗鱼。

旗鱼性情凶猛，游泳敏捷迅速，能够在辽阔的海洋中像箭一般地疾驰。它们是海洋中凶猛的肉食性鱼，常以沙丁鱼、乌贼、秋刀鱼等中小型鱼为食。旗鱼大多分布于大西洋、印度洋及太平洋等水域，属于热带及亚热带大洋性鱼，具有生殖洄游的习性。

背鳍像一面旗子，
是旗鱼的典型特征。

修长的身体非
常适合在水中高速
前行，当它们快速
游动的时候，背鳍
是收起来的。

 旗鱼的速度有多快

　　天上的雨燕飞得最快，陆地上的猎豹跑得最快，那么海里的什么动物
游得最快呢？游泳界的冠军那一定非旗鱼莫属了，它们可是吉尼斯世界纪
录中速度最快的海洋动物，最快速度可达每小时 190 千米！旗鱼的吻部像
一把长剑，可以将水向两边分开；背鳍可以在游泳时放下，减少阻力；游
泳时用力摆动的尾鳍就好像船上的推进器；加上它们流线型的身躯，这些
结构特点使它创造出游速的最高纪录。

蓝鲸

海中巨无霸

巨大的嘴巴一口能吞下将近 90 吨的海水和食物，然后再把海水从鲸须的缝隙中滤出去。

眼睛位于嘴巴的后面。

 大块头有大嗓门

蓝鲸不仅体形庞大，发出的声音也很大。因为蓝鲸发出的是一种低频率的声音，这种低频声音超出了人们的接收范围，所以人们永远也无法感受到蓝鲸的呐喊。经过测算，蓝鲸的声音要比喷气式飞机起飞时发出的声音还要大，可达 155 ～ 188 分贝。

蓝鲸

体长：约 30 米	分类：鲸目鳁鲸科
食性：肉食性	特征：身体非常巨大，是世界上最大的动物

谁才是世界上最大的动物？是恐龙吗？在广阔的海洋里生活着一种体形巨大的动物，它们就是蓝鲸！蓝鲸是地球上体形最巨大的动物，体重可达 200 吨，是这世界上当之无愧的巨无霸！非常幸运的是，体形庞大的它们生活在海里，浮力可以让它们不用像陆地动物那样费力地支撑自己的体重。蓝鲸全身体表均呈淡蓝色或鼠灰色，背部有淡色的细碎斑纹，胸部有白色的斑点，这在海中是很好的保护色。蓝鲸喜欢在温暖海水与寒冷海水的交界处活动，因为那里有丰富的浮游生物和磷虾。蓝鲸的胃口极大，好在它们需要的食物是数量众多的磷虾，偶尔还吃一些小鱼、水母等换换胃口。它们每天要吃掉 4 ～ 8 吨的食物，如果腹中的食物少于 2 吨，就会有饥饿的感觉。

小小的背鳍。

蓝鲸整体的
体形比较细长。

🪸 蓝鲸是如何繁殖的

　　到了寒冷的冬季，陆地上的许多动物都开始进入休眠期，而蓝鲸却要进入繁殖期了。雌鲸每两年才生育一次，每胎只产下一个蓝鲸宝宝。蓝鲸和人类差不多，人类十月怀胎，蓝鲸需要怀宝宝 10～12 个月。宝宝出生以后需要到水面上呼吸第一口空气，避免窒息而死。

🪸 谁才是世界上最大的鲸

　　蓝鲸是世界上最大的鲸，也是世界上现存最大的动物。蓝鲸到底有多大呢？它们的体长大约 30 米，有 3 辆公共汽车连起来那么长。体重能达到 200 吨，这相当于超过 25 只的非洲象的重量。它们身体里装着小汽车一样大的心脏，舌头上能够站 50 个人，就连刚生下来的幼鲸都比一头成年大象还要重！

白鲸

微笑的伙伴

 爱吐泡泡的白鲸

白鲸是很聪明的海洋动物，它们的智商很高，几乎与一个四五岁的小孩子相当。可能也是因为如此，白鲸很喜欢亲近孩子，像孩子一样顽皮，会做一些有趣的事，比如吐泡泡。白鲸对吐泡泡这件事情有独钟，它们会从气孔喷出大量气体，这些气体在水中形成环形的泡泡，然后它们会追着泡泡玩耍、旋转、跳跃，就像是在表演水下芭蕾。

扫一扫画面，小动物就可以出现啦！

如果说有什么海洋动物让人们一眼看去就心情舒畅的话，那可能就要数白鲸了。虽然我们很难亲眼见到野生环境下的白鲸，但是海洋馆中的白鲸看上去很友好。

白鲸有圆滑突出的额头和完美宽阔的唇线，它们好像永远都在微笑，这很符合它们温顺的性格。白鲸喜欢缓慢地游动，喜欢生活在贴近海面的地方，潜水也是它们的强项。世界上绝大多数白鲸生活在欧洲、美国阿拉斯加和加拿大以北的海域中。如今白鲸的生存受到了威胁，由于生态环境被破坏，水体被污染使白鲸遭到了毒害。可爱的白鲸是人类的朋友，我们应该好好保护它们的家园，不要让这么美丽的物种从这个世界上消失。

夏日狂欢

每年 7 月份就会迎来白鲸迁徙的时间，大群的白鲸从北极地区出发，开始一年一度的夏季迁徙。它们有成千上万头，聚集在一起浩浩荡荡地游向目的地，一路上互相嬉戏玩耍，不停地表演，还会发出各种奇怪的声音。有些调皮的白鲸不喜欢跟着大部队，总要独自游上几百千米，在河口地带给人们带来意外的惊喜。

白鲸没有背鳍。

白鲸的额头隆起，这是它们运用回声定位的重要器官。

它们的表情看上去似乎一直在微笑。

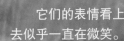
白鲸

体长：最长可达 5 米	分类：鲸目一角鲸科
食性：肉食性	特征：全身白色，看上去似乎在微笑

 ## 爱干净的白鲸

白鲸的体态优美，有着洁白光滑的皮肤。它们非常注重自己的外表。当白鲸游到河口三角洲时，身上会附着许多寄生虫，这时白鲸变得不再洁白。它们怎么能忍受自己的外表变得脏兮兮的呢？于是白鲸们纷纷潜入水底，在河床上下不停地翻滚、游动，一些白鲸还会在三角洲和浅水滩的沙砾或砾石上擦身。每天都这样持续几个小时，几天以后，白鲸身上的旧皮肤会蜕掉，换上洁白漂亮的新皮肤。

海狮

海里的"狮子"

后肢伸在身后。

海狮的平衡感很好，在海洋馆经常能看到它们的顶球表演。

海狮是一种海洋哺乳动物，因为有些种类的脖子上有与狮子相似的鬃毛而得名。它们经常在海边的礁石上晒太阳，用前肢支撑着身体，瞪着圆圆的眼睛望向远方，看上去很是可爱。海狮和海豹都属于哺乳动物中的鳍足类，为了方便在海中活动，四肢都已演化成鳍的模样。聪明的海狮没有固定的生活区域，哪里有食物就待在哪里，各种鱼、乌贼、海蜇和蚌都能让它们美餐一顿，磷虾是它们最爱的食物。有时候它们会吞掉一些石子来帮助消化。海狮是非常社会化的动物，有各种各样的通信方式，它们还具备高超的潜水本领，经常帮助人类，在科学和军事上都起到了重要的作用。

加州海狮

体长：约2米	分类：食肉目海狮科
食性：肉食性	特征：四肢像鳍一样，有小小的外耳郭

海狮有一对小小的外耳，这是它们与海豹的明显区别之一。

前肢比较长，可以像胳膊一样撑起上半身。

🦂 一夫多妻制的海狮

　　海狮的社会实行一夫多妻制，每年的5～8月，一只雄海狮会和10～15只雌海狮组成多雌群体。雄海狮会在海岸选好地点，雌海狮就纷纷赶来，它们互相争抢配偶，身强力壮、本领高强的雄海狮，就会受到更多雌海狮的欢迎。当它们组成群体后不会马上交配，因为这时的雌海狮已经怀孕很久了，它们要先生下肚子里的小海狮，一段时间之后才开始交配。雌海狮受孕以后就会离开群体，等到下一年的繁殖季节再次生产。

137

海豚很喜欢跃出水面，这种行为有可能是为了玩耍，或是除去身体表面的寄生虫。

海豚
最聪明的海洋动物

 ## 海豚与渔夫

渔民捕鱼的时候，海豚经常会跟随在渔船的周围，伺机捕食被渔网驱赶而离群的鱼。在非洲的一些海岸，聪明的海豚甚至和渔夫达成了某种"交易"：海豚们将鱼群驱赶到岸边的网中，帮助渔夫们捕获整群的鱼，而自己则看准时机将那些逃出渔网慌不择路的鱼吃进肚子里。

海豚是大海中善良的象征，在人们的心目中，海豚就像孩子一样可爱，脸上总是带着温柔的笑容。在海洋生物中，海豚可以说是人气最高、最受欢迎的一种了，它们是海洋中智力最高的动物，有着非常强大的学习能力，像人类一样成群生活在一起，还能发展出从十几条到上百条的大规模族群，族群里有时候甚至还会混进其他种类的海豚或者鲸。海豚甚至还会使用工具，它们会互相帮助，如果一只海豚受伤昏迷了，其他海豚会一起保护它。

体长：2～4米	分类：鲸目海豚科
食性：肉食性	特征：身体呈流线型，表情看上去像是在微笑

鼻孔位于头顶上，
这是鲸豚类的共同点。

海豚的表
情看上去像是
在微笑。

海豚需要睡觉吗

　　海豚属于哺乳动物，它们的祖先最开始栖息于陆地上，后来才变得适应水中生活。海豚始终用肺呼吸，如果长时间在水中保持睡觉的状态，它们就会窒息而死。海豚在游泳时，它们的某一边大脑会处于睡眠状态。它们虽然保持着持续游泳的状态，但左右两边的脑部却在轮流休息。

海豚的智商有多高

　　在海洋馆里，我们经常看到海豚做出各种各样的高难度动作，这足以证明海豚是高智商的海洋动物。海豚的脑部非常发达，不但大而且重，大脑中的神经分布相当复杂，大脑皮质的褶皱数量甚至比人类还多，这说明它们的记忆容量和信息处理能力都与灵长类不相上下。

棱皮龟

最大的海龟

腹部平坦，有
助于减少阻力。

棱皮龟

体长：2～3米	分类：龟鳖目棱皮龟科
食性：肉食性	特征：背部有棱，甲壳隐藏在皮肤下面

　　从"龟兔赛跑"的故事中，我们了解到龟是爬行速度很慢的动物。但是你知道吗？有一种海龟它们游泳的速度非常快，是世界上最大的海龟，它们就是棱皮龟。棱皮龟的脑袋很大，相貌可爱，性格温顺，游泳的能力很强。由于它们长时间生活在水中，四肢已经进化成鳍状，不能像陆地上的龟那样将四肢缩回壳里。可爱的棱皮龟主要以鱼、虾、蟹、乌贼和海藻等为食，水母是它们的最爱。目前，棱皮龟的数量还在不断减少，人们正在尽力挽救这一物种，我们希望棱皮龟灭绝的那一天永远都不会到来。

与其他海龟不同，棱皮龟的背甲被皮肤覆盖着。

棱皮龟的背甲上面有好几道棱，这也是它名字的由来。

宽大的鳍肢为棱皮龟高速游泳提供了强大的动力。

🦑 棱皮龟到底有多大

　　棱皮龟是世界上现存最大的龟，那么它们到底有多大呢？在英国的威尔士，人们发现了一只巨大的棱皮龟，它的体重竟达916千克，体长超过了2.5米，无疑是世界上最大的龟。

🦑 恐怖的嘴巴

　　棱皮龟一副憨态可掬的样子让人心生欢喜，但是如果你看见它们张开嘴后的样子你就会发现它们的恐怖了。棱皮龟有一张恐怖的大嘴，从口腔到食管分布着数百个类似锯齿的钟乳状组织，这些突起在进食的时候可以起到牙齿的作用。它们主要以水母为食，可为什么却长了一口令人心惊胆战的牙齿呢？原来这也是棱皮龟的一个优势，这些牙齿对各种各样、形态不一的水母都来者不拒，使它们不会因为缺乏食物而被饿死。

躯体以及尾部
颜色较深，腹部颜
色较浅，背部有明
显的环状纹。

幼体与成年
蛇的身体颜色略
有不同。

青环海蛇

价值宝藏

青环海蛇又叫"海长虫"，喜欢生活在沿海地区，常存在于海洋或者浅水中，也可以藏在沙泥底部的浑水之中。青环海蛇常以蛇鳗为食，也会捕食海里其他的鱼。青环海蛇以卵胎繁衍，喜欢群居，经常多条集中在一起，喜欢光，如果在夜晚，用灯光来吸引它们，会捕捉到很多。

🦎 潜水者

青环海蛇拥有潜水的能力。在浅水地区的，一般潜水时间短，而且在海面停留时间也短；而在深水地区的青环海蛇一般潜水时间较长，能潜水两三个小时。

身体细而长，腹鳞小，全身的腹鳞大小比较一致。

青环海蛇

体长：1.5～2米	分类：有鳞目蛇亚目海蛇科
食性：肉食性	特征：身体细而长，身体形状呈偏圆形筒状，全身有黑色环形

🦎 释放毒性物质

青环海蛇能够分泌毒素，主要是神经毒素和肌肉毒素。它们的毒性非常强烈，甚至比陆地常见的毒蛇毒性还要大。一旦被它们咬伤，不管中毒的是人还是动物，都会因呼吸肌的麻痹而死亡。

陆寄居蟹

背着硬壳的"清道夫"

 经常搬家的寄居蟹

　　对于不了解寄居蟹的人，从名字上解读似乎它是充满不安全感且需要外壳保护自己的甲壳类动物，但其实寄居蟹的螺壳并不是它们自己的，而是抢来的！它们会吃掉软体贝类动物的肉，将螺壳占为己有。随着它们身体渐渐长大，原来的螺壳不够住了，就需要寻找更大的螺壳来作为自己的新家。它们会找寻同类，使用武力抢夺螺壳，攻击者推翻对手，使其仰面朝天，并仔细观察是否适合自己居住。如果的确喜欢这"华丽的城堡"，就会顺势把失败者拽出壳，然后自己挤进去，这就是它们的抢夺攻略。

　　我们在热带地区的沙滩上和岩石缝中常常会见到一些身上背着重重的壳的小家伙，它们的名字叫作寄居蟹。虽然被称为蟹，但是它们和螃蟹有很大的不同。螃蟹的腹部有坚硬的甲壳，而它们的腹部柔软脆弱，需要寻找坚硬的甲壳来保护自己，也正是因为它的这种习性，才有了"寄居蟹"这样形象的名字。寄居蟹的种类有上千种，通常在夜间觅食。到了白天，它们就躲起来寻求安全感。寄居蟹的食性很杂，几乎什么都吃，所以也被称为"海边清道夫"。

皱纹陆寄居蟹

体长：5～8厘米	分类：十足目陆寄居蟹科
食性：杂食性	特征：背着坚硬的螺壳来保护柔软的腹部

寄居蟹的腹部非常柔软，需要利用坚硬的螺壳来保护自己。

对于寄居蟹来说，触角是重要的感觉器官。

螯足一大一小，大的螯足在其缩回螺壳里的时候用来堵住螺壳的开口。

有两对步足用来爬行。

 ## 被海水滋养的陆寄居蟹

　　虽然陆寄居蟹在陆地上生活，但是它们与大海的关系并未完全割断。它们的鳃部需要有适当的湿度才能够完成呼吸，它的生命周期中有一部分还是必须在海中完成的，就是由产卵到孵化再到幼体的阶段。产卵的陆寄居蟹会携带着它的卵回到海中，让卵在海水中孵化。等到蟹宝宝们变成幼蟹的模样之后，会寻找一只螺壳返回陆地。它们的一生都无法远离海岸线。

招潮蟹
不寻常的大钳子

招潮蟹的生物钟

在不断的进化中，招潮蟹已经形成了自己的生物钟。它们会随着潮水的涨落安排自己的生活节奏，潮退而出，潮涨而归。在退潮的时候来到泥滩上寻找食物和配偶，涨潮时则在自己的洞穴中躲避潮水。它们就这样日复一日、年复一年地过着有规律的生活。

凹指招潮蟹	
体长：2～3厘米	分类：十足目沙蟹科
食性：杂食性	特征：一只螯足非常大

在退潮之后的红树林泥滩上，有很多小螃蟹在忙碌地寻找食物。它们长相奇特，身体前宽后窄呈梯形，两只眼睛高高竖起，像插在头上的火柴棒，时刻观察着周围的动静。雄性蟹的两只螯大小不一，大的那只重量几乎占了身体的一半，而且颜色鲜艳，有的还带有特别的图案，小的那只主要用来刮取食物并送进嘴巴。这种小螃蟹就是招潮蟹。

招潮蟹喜欢居住在富含有机物碎屑的泥滩上，它们喜欢打洞并且有自己专门的洞穴，洞穴的位置每隔几天会换一次。它们的洞能够改变红树林地面的地形和土壤的理化性质，同时促进土壤中空气和水的循环。可以说红树林中生活的招潮蟹是这里最称职的"园丁"了。

招潮蟹的眼睛呈棒状，像一根火柴棍。

小小数学家

招潮蟹这种看似很普通的节肢动物，却有着惊人的数学计算能力，它们个个都是数学天才。招潮蟹的活动范围通常以它们的洞穴为中心，当它们离开洞穴时，每走一步就会重新计算洞穴的方位，这样就永远都不会迷路了。

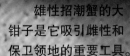

小钳子用来刮取地面上的有机物碎屑。

雄性招潮蟹的大钳子是它吸引雌性和保卫领地的重要工具。

不成比例的大螯

招潮蟹最显著的特征就是雄蟹大小不成比例的一对螯。在退潮后的泥滩上，雄蟹会挥舞着大螯向其他蟹展示自己，看上去就像是在呼唤潮水，也正因此而被叫作招潮蟹。招潮蟹的大螯也是它们求爱的工具，它们通过大螯发出的声音来吸引雌性。如果两只雄性招潮蟹为了抢地盘而大打出手，大螯也是它们的武器。

扫一扫

扫一扫画面，小动物就可以出现啦！

龙虾

既威武又美味

棘刺龙虾

体长：约60厘米	分类：十足目龙虾科
食性：肉食性	特征：身体表面有小刺，触角又粗又长

宽大的尾扇适合游泳前行。

步足比较结实，适合在礁石和岩石上爬行。

在热带、亚热带珊瑚和礁石丰富的海域，生活着各种美丽的生物，其中最威武的，可能就要数龙虾了。龙虾们披着坚硬的外壳，头上挥舞着两条长长的带刺的触角，仿佛在向其他生物示威。当遇到危险的时候，它们会通过触角与外骨骼之间摩擦发出一种尖锐的摩擦音来把对手吓走。龙虾的泳足除了可以游泳还可以用来保护自己的卵，雌性龙虾的腹部可以携带100万颗卵。龙虾的成长需要经历数次蜕皮的过程，生长周期在10年以上。

🦞 龙虾的日常生活

龙虾只喜欢在夜间活动，它们喜欢群居，有时会成群结队地在海底迁徙。它们大多数时候并不活泼，很安静，喜欢藏身于礁石和珊瑚丛里，有猎物经过的时候才会扑出来捕食。龙虾的食物以贝类和螺类为主。

腹部长有强壮的肌肉。

龙虾的两条触角非常长，上面有小刺。

🦞 历尽艰辛的成长历程

龙虾从卵孵化之后，叫作叶形幼体。经过十多次的蜕皮，它们才会告别叶形幼体的状态，变成小小的龙虾模样。这个简单的蜕变要经历 10 个月的漫长时光，这时的幼虾体长约 3 厘米，整个身体看上去像是透明的。它还要经历数次蜕皮，每年体长会增长 3～5 厘米，从幼虾长到成年龙虾大约需要 10 年的时间。这是一个相当长的成长周期。

对虾

美味的海洋馈赠

斑节对虾

体长：约30厘米	分类：十足目对虾科
食性：杂食性	特征：身体有褐色的斑纹

 为什么叫对虾

　　我们说对虾，总给人以"这种虾是成双成对生活"的印象，事实上并非如此。在海洋中，对虾并不是一雌一雄成对地生活在一起的。那么对虾的名字是怎么来的呢？原来，这是因为这一类虾的个头通常都比较大，过去的渔民大多以"对"来统计捕获的数量，在市场上也曾经以"对"来作为出售的单位，久而久之，这种虾就被叫作对虾了。

　　提到对虾，我们理所当然地就会想到它们在餐桌上做熟了的样子，例如柠檬对虾、红烧对虾、蒜蓉对虾、砂锅对虾……都是人们挚爱的世间美味。但是除了食用，你对它们可曾有更深刻的了解？对虾属于甲壳动物中的十足目，对虾科，世界范围内共有28种，在我们中国有10种。对虾主要分布于中国的黄海、渤海，东海北部也有少量分布。对虾喜欢栖息在热带、亚热带浅海地区海底的沙子里。对虾的体色呈灰青色，有花纹。雄虾体色发黄，最显著的特征是那长长的额剑。大的对虾可以长到30厘米。它们分为定居型和洄游型。对虾会在水底爬行，或者成群地游泳，寻找底栖无脊椎动物、藻类和浮游生物作为自己的食物。

营养丰富的对虾

对虾的肉质松软，易于消化，而且营养丰富，对身体虚弱或病后需要调养的人非常有益。对虾含有丰富的磷、钙，非常适合孕妇食用，对于易缺钙的中老年人也是非常好的保健食品。对虾中还含有丰富的镁，可以保护心血管系统，减少血液中的胆固醇含量，常吃对虾可以预防动脉硬化、高血压和心肌梗死，是滋补的佳品。

日本对虾的身上有褐色的横斑花纹，因此也被叫作"斑节对虾"。

腹部的附肢也叫作游泳足，是对虾游泳的工具。

宽大的尾扇在拨水的时候可以使对虾一下子跳出很远。

 ## 对虾用什么呼吸

对虾属于节肢动物中的甲壳类，它们的呼吸器官是鳃。它们的鳃位于头胸甲内部的两侧，被甲壳所覆盖。对虾的鳃可分为肢鳃、侧鳃、足鳃、关节鳃4种，共有25对。当它们离开水后，头胸甲和鳃里会存放一部分水，这时候氧气可以溶于鳃里的水中进行气体交换，但是如果长时间离开水，鳃中的水减少，对虾就会因无法呼吸而死去。

螺与贝

沙滩上的璀璨宝石

尽管拥有石灰质的外壳，但鹦鹉螺属于头足类，并不是螺类。

海螺外壳上塔形的结构叫作螺塔。

双壳纲（贝类）

特征：由两片可以闭合的外壳组成，头部退化	移动方式：依靠斧足挖掘泥沙，或附着在岩石等物体上不进行移动，个别种类依靠贝壳扇动水流进行游泳

腹足纲（螺、蜗牛、蛞蝓等）

特征：有一个螺旋形的贝壳，有些种类贝壳退化	移动方式：大多利用腹足爬行

漫步在海边的沙滩上，我们最常见到的就是色彩和形状各异、大小不一的海螺和贝壳。螺与贝是海边最常见的生物，它们都属于软体动物。因为美丽的颜色和复杂多变的外形，螺和贝自古以来就是人们钟爱的收藏品。可以说，被潮水留在沙滩上的各种漂亮的贝壳，就像是一颗颗瑰丽的宝石。

螺和贝所属的软体动物是一个庞大的家族，在自然界中它们的物种数量仅次于节肢动物，约有10万种。这一家族的动物从寒武纪时期就出现在地球上了，直到现在依然非常繁盛。

螺与贝的形态各不相同，种类繁多。

螺壳表面往往都会有美丽的颜色和花纹。

美丽的珍珠是如何形成的

在贝壳最里面那一层最光亮的部分叫作珍珠层。有异物进入贝壳与外套膜之间会刺激外套膜不断地分泌珍珠质将异物包裹起来，使其圆滑，形成光彩夺目的珍珠。人工育珠就是利用这个原理，利用人工将一些珍珠核（通常由珍珠贝的壳制成）植入珍珠贝的外套膜中，让外套膜受刺激不断地分泌珍珠质，形成珍珠。由于珍珠质是一层一层分泌出来的，所以受到包裹的珍珠核也会逐渐变大，最终变成圆润的珍珠。

听说海螺里会有大海的声音

浪漫的童话故事告诉我们，只要把海螺壳放在耳朵旁边就能听到大海的声音，其实这是一个广为流传的谬误。海螺里听到的声音既不是大海的声音也不是血液循环的声音，而是生活中的白噪声。我们平时被各种声音包围，这些固定频率的背景音被称为白噪声。当我们将海螺这种密闭的空间靠近耳朵时，有些声音会被放大，有些则会被降低，从而形成了一种新的感受，这就是我们在海螺里听到的不一样的声音。

乌贼

一肚子 "墨水"

墨囊隐藏在躯干中，遇到危险时会喷射出黑色的汁液。

眼睛长在头部的两边，非常大。

曼氏无针乌贼

体长：10～20 厘米	分类：乌贼目乌贼科
食性：肉食性	特征：身体呈长圆形，体内有一块硬质骨骼

　　乌贼又叫"墨鱼"，它们在世界的各大洋中都有分布，在深海和浅海都有它们的身影。乌贼和鱿鱼、章鱼、鹦鹉螺一样，都属于海洋软体动物，它们不是鱼类。

　　乌贼分为头、足和躯干三部分。头前端是口，口的四周有五对腕，眼睛位于头的两侧。它们的躯干里面有一个石灰质的硬鞘，这是乌贼已经退化了的外壳。在乌贼的腹中有一个墨囊，里面储存着漆黑的汁液，遇到危险时迅速地将墨汁喷出，使周围的海水变得一片漆黑，它们便趁机逃脱。

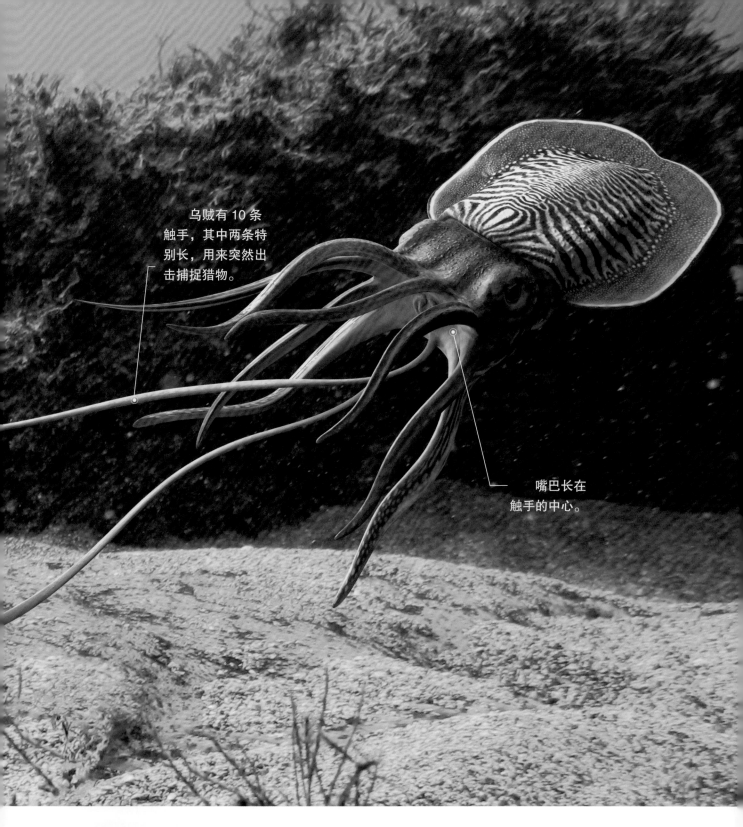

乌贼有 10 条触手，其中两条特别长，用来突然出击捕捉猎物。

嘴巴长在触手的中心。

 乌贼吃什么

　　有些乌贼生活在深海，稳定的肌红蛋白是其生存的必备要素。虾青素是高强度的抗氧化剂，能够保证肌红蛋白的稳定性，因此乌贼主要捕食甲壳类、小鱼、小虾或其他软体动物，从这些小动物身上摄取虾青素。为了争夺食物，有的大型乌贼甚至会从体形庞大的抹香鲸嘴里抢食。

章鱼

聪明的软体动物

章鱼	
体长：约 60 厘米	分类：八腕目章鱼科
食性：肉食性	特征：有 8 条腕，头部有比较大的眼睛

令人吃惊的高智商

　　章鱼有三个心脏与两个记忆系统。其中一个记忆系统掌控大脑，另一个与吸盘相连。它们复杂的大脑中有 5 亿个神经元，身上还具备许多敏感的感受器，这些复杂的构造使章鱼具备高于其他动物的智商。经过试验研究发现，章鱼具有独自学习的能力，还具备独自解决复杂问题的思维。作为一种无脊椎动物，章鱼的智商令人十分吃惊。

　　在危机四伏的海洋世界里，想要生存下去可不是一件容易的事。章鱼家族凭借着它们独特的聪明头脑在海底悠闲地生活着。章鱼是海洋中的一类软体动物，它们的身体呈卵圆形，头上长着大大的眼睛，最特别的是头上生出 8 条可以伸缩的腕，每条腕上都有两排肉乎乎的吸盘，这些吸盘能够帮助它们爬行、捕猎以及抓住其他东西。章鱼身为软体动物，浑身上下最硬的地方就是牙齿了，它们口中有一对尖锐的角质腭及锉状的齿舌，可以钻破贝壳取食其肉。除了贝壳，它们也吃虾、蟹等。章鱼生活在海底，海水的盐度过低会导致它们死亡。不过在海中最大的威胁还是将它们视为盘中餐的天敌们。

章鱼会变色吗

这个答案是肯定的。章鱼的皮肤表面分布着许多色素细胞，每个细胞中都含有一种天然色素，包括黄色、红色、棕色或黑色。当章鱼将这些色素细胞收紧时，颜色就展现出来了。它们可以收缩同一种色素细胞来变换颜色，从而躲避掠食者，这在水下是一种很好的伪装。

扫一扫

扫一扫画面，小动物就可以出现啦！

章鱼的腕很灵活，就像人的手一样，可以帮助它们获取食物、搬动石块或者抵御天敌。

眼睛很发达，有良好的视力。

漏斗喷水是章鱼游泳的主要动力。

与乌贼不同，章鱼有8条腕，乌贼则有10条。

 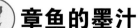

章鱼的墨汁

为了逃避天敌的追杀，动物们的逃跑技能可谓五花八门。章鱼将水吸入外套膜用来呼吸，在受到惊吓时它们会从体管喷出一股强劲的水流，帮助其快速逃离。如果遇到危险，它们还会喷出类似墨汁颜色的物质，就像是扔了个烟幕弹，用来迷惑敌人。有些种类的章鱼喷出的墨汁还带有麻痹作用，能够麻痹敌人的感觉器官，自己则趁机逃跑。

水母

美丽的水中舞者

水母	
体长：2～200 厘米	分类：钵水母纲
食性：肉食性	特征：身体分为伞部和口腕部两个部分

软绵绵没有牙齿，水母吃什么

　　水母属于肉食性动物，主要以水中的小型生物为食，如小型甲壳类、多毛类或小的鱼。水母虽然长得温柔，但是发现猎物后，从来不会手下留情。它们伸长触手并放出丝囊将猎物缠绕、麻痹，然后送进口中。水母口中分泌的黏液可以将食物送进胃腔，胃腔中有大量的刺细胞和腺细胞，它们将猎物杀死并消化，消化后的营养物质通过各种管道送到全身，未消化的食物残渣从口排出。

　　水母属于刺胞动物门，是一种古老的生物，早在 6.5 亿年前就已经存在于地球上了。水母遍布于世界各地的海洋之中，比恐龙出现得还要早。水母通体透明，主要成分是水。它们的外形就像一把透明的伞，根据种类不同，伞状的头部直径最长可达 2 米。头部边缘长有一排须状的触手，触手最长可达 30 米。水母透明的身体由两层胚体组成，中间填充着很厚的中胶层，让身体能够在水中漂浮。它们在游动时，体内会喷出水来，利用喷水的力量前进。有些水母带有花纹，在蓝色海洋的映衬下，就像穿着各式各样的漂亮裙子，在水中跳着优美的舞蹈，灵动又美丽。

水母的生殖腺在它们的伞盖里面。

水母的伞盖通常比较光滑，不过也有形状特殊的种类，例如帆水母等。

水母的触须生长在伞盖的边缘，而它们身体下方的触手则被称为口腕。

嘴巴在长长的口腕的中心。

水母最怕谁

致命的水母也有强大的对手，棱皮龟就是它们命中注定的克星。棱皮龟可以在水母群体中自由穿梭而不被其伤害，还可以用嘴轻松地咬断水母的触手，让它们只能上下翻滚身体，瞬间失去抵抗能力，成为自己饱餐一顿的猎物。

可怕的水母也有朋友吗

就像犀牛有犀牛鸟一样，在浩瀚的海洋中，水母也有它们的好朋友。它们是一种被叫作小牧鱼的双鳍鲳，体长不到 7 厘米，小巧灵活，能够在大型水母的毒丝下自由来去。小牧鱼将水母当作保护伞，遇到大鱼就躲到水母的毒丝中，不仅保护了自己，还为水母引来了大量的猎物，从而吃到水母留下的残渣，一举两得。

海葵

简单生物

有毒性

海葵结构很简单，行动缓慢，身上有很多条触手，其触手上存在一种特殊的带刺的细胞，会释放毒性物质。触手主要起的是保护作用，也可以用于捕食。

海葵

体长：2.5 ～ 10 厘米	分类：珊瑚虫纲六放珊瑚亚纲海葵目
食性：杂食性	特征：外表形似一朵花，软而美丽

海葵下体呈圆柱形，上面形似花，有不同的形状。

海葵是中国滨海地区最常见的生物之一，其外表形似一朵艳丽的花，是一种无脊椎的腔肠动物。海葵结构简单，有捕食的能力。它们捕食的范围很广，包括是其他软体动物、甲壳类动物等。海葵喜欢独居，也会与生物产生斗争，能产生毒素，能够很好地保护自己。海葵为单体的两胚层动物，无外骨骼，形态、颜色各异，通常体长 2.5 ～ 10 厘米，有一些甚至可长达 1.8 米。其辐射对称，桶形躯干，上端有一个开口，开口旁边有触手，触手起保护作用，上面布有微小的倒刺，可以抓紧食物。

海葵种类较
多，不同的海葵
颜色不同。

海葵是无脊
椎动物，可以缓
慢地移动。

海葵看上去好
像一朵开放的花。

头脑简单

海葵构造十分简单，它没有
其他动物的基本构造，连最低级
的大脑结构也没有，所以没有攻
击性，常常会依靠别的生物。

长寿

海葵的寿命很长，大大超过了具有百年寿命的海龟以及珊瑚等，是世
界上最长寿的海洋生物，可谓是真正的长寿者。据科学家研究发现，其寿
命可以达到 1500 ～ 2000 岁。

海星

海中的星星

海星腹面的沟槽叫作步带沟，它们的管足就是从这里伸出来的。

 可爱却凶残的捕食者

肉食动物往往给人以凶残的印象，很难想象可爱又懒惰的海星竟然是肉食动物。看上去懒洋洋、慢吞吞的海星不像鱼类那样灵活，它们所捕食的对象也是一些行动缓慢的海洋生物，比如贝类、螺类和海胆等。它们会慢慢靠近贝类，用腕上的管足固定住它们，然后将猎物的两片贝壳拉开，并将胃从口中翻出伸进贝壳里，接下来分泌消化酶，将猎物溶解吸收。

多棘海盘车

体长：15～30厘米	分类：多棘目海星科
食性：肉食性	特征：身体呈蓝紫色，有细小的棘

《海绵宝宝》中憨厚的派大星给人们留下了深刻的印象。现实中的海星是一种棘皮动物，身体扁平，通常有5条腕，有的特殊种类则多达50条腕，在腕下还长有密密麻麻的管足。海星的整个身体是由许多钙质骨板和结缔组织结合而成的，体表有凸出的棘。每只海星的颜色都不相同。大多数海星是雌雄异体，在腕的基部有生殖腺。有些海星会将生殖细胞释放到海水中，另外一些成年海星则会守护着它们的卵直到卵孵化成幼体海星。海星的幼体经过一段时间的浮游生活之后，会发育成成年海星的样子沉到海底生活。还有一小部分海星属于雌雄同体，雄性先成熟，年龄大了变成雌性。

🌿 神奇的再生能力

　　海星具有强大的再生能力，如果把它撕成几块扔进海里，它的每一块碎片都能再长成一个完整的新海星。海星失去腕、体盘以后都能够再生，截肢对于它们来说只是小事一桩。科学家发现在海星受伤以后，其体内的后备细胞将自动激活，这些细胞可以通过分裂和分化与其他组织合作，重新生长出缺失的部分。

背面有许多凸起的棘和疣状物。

依靠体内水管的作用，海星也能做出抬起腕或者扭转身体的动作。

🌿 海星只有 5 个角吗

　　我们最常见的海星有 5 条腕，但其实海星不全是 5 条腕的，有一些海星有 6 ～ 10 条腕，或者更多。因为海星属于棘皮动物门，这一门类具有五辐射对称性。它们的祖先曾是左右对称的，海星的幼体也是左右对称的，后来才长出了 5 条腕。许多较为固定的海洋生物都演化出了辐射对称，这也是与它们的生活环境相适应的结果。

两栖和爬行动物

树蛙
生活在树上的蛙

树蛙有毒吗

树蛙一般分为红眼树蛙、斑腿树蛙、红蹼树蛙等。它们通常都具有较强的自愈能力，皮肤表面都带有轻微的毒素，但是它们的毒性都不大，对人类几乎没什么危害，最多对皮肤敏感的人有些轻微的影响，所以我们是不用很害怕树蛙的。

马拉巴尔树蛙	
体长：约10厘米	分类：无尾目树蛙科
食性：肉食性	特征：脚部有吸盘，可以攀附在树皮和枝叶上

树蛙可爱极了，就像它们的名字那样，它们是一群生活在树上的绿色的小家伙。它们成年以后基本都会在树上生活，有些种类也会栖息在低矮的灌木或草丛中。树蛙的身体稍扁，四肢细长，指、趾末端带有大吸盘，吸盘腹面呈肉垫状。指、趾间有发达的蹼，可以帮助它们在空中滑翔，很适合树蛙的树栖生活。树蛙的外形、生活习性和雨蛙属很像，但是它们之间并没有亲缘关系。

拥有发达
的后肢。

鲜亮的绿色皮肤。

爪上的
吸盘很大。

指、趾间有发达的蹼，
可以用来在空中滑翔。

🦎 树蛙和青蛙的区别

树蛙和青蛙都有绿绿的皮肤，大大的眼睛，长相非常相似。它们两个有什么区别呢？我们要如何区分它们？其中最重要的一点就是树蛙和青蛙的居住环境不同！树蛙常年生活在树上，偶尔也会回到陆地上居住。青蛙不会在树上居住，它们通常生活在水里和陆地上。

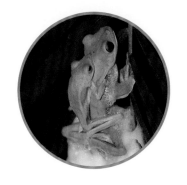

🦎 如何产卵

　　每到产卵的季节，树蛙就会选择一个安静的地方。水域上方的树叶或者静水边的泥窝以及草丛都是它们产卵的最佳场所。树蛙的卵被包裹在泡沫状的卵泡中，有些种类的树蛙卵泡还被树叶包裹着，这些特殊的产卵习性在蛙类中属于比较少见的。孵化出来的卵会被雨水从树叶上冲落到下方的水域中，然后以蝌蚪的形式在水中生活 2 ～ 3 个月后逐渐发育变态成幼蛙，最后回到陆地上生活。

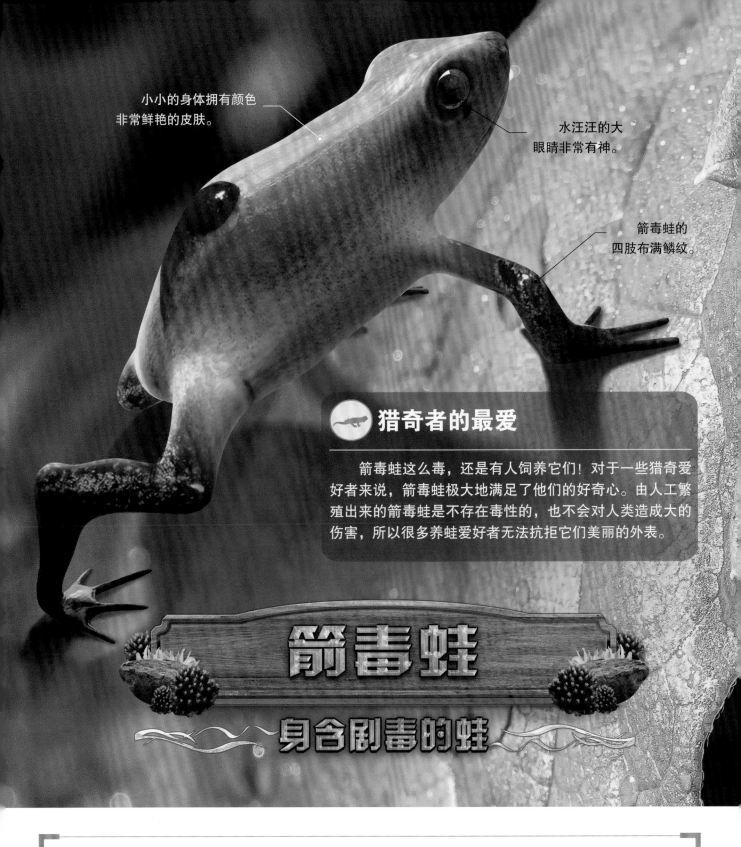

小小的身体拥有颜色
非常鲜艳的皮肤。

水汪汪的大
眼睛非常有神。

箭毒蛙的
四肢布满鳞纹。

猎奇者的最爱

箭毒蛙这么毒，还是有人饲养它们！对于一些猎奇爱
好者来说，箭毒蛙极大地满足了他们的好奇心。由人工繁
殖出来的箭毒蛙是不存在毒性的，也不会对人类造成大的
伤害，所以很多养蛙爱好者无法抗拒它们美丽的外表。

箭毒蛙
身含剧毒的蛙

这多姿多彩的大千世界总是让我们感叹造物者的神奇。箭毒蛙绝对是这个世界上奇特
的存在。它们外表美丽却身怀剧毒，披着色彩艳丽的衣裳，似乎在炫耀自己的美丽，又仿
佛在述说着自己的可怕。除了人类以外，箭毒蛙几乎再没有别的敌人。自然界中的食物是
箭毒蛙毒性的主要来源，例如毒树皮或者毒昆虫，毒蜘蛛也是其中之一。食物中的毒性会
被箭毒蛙吸收并转化为自身的毒液，所以野生箭毒蛙的毒性是很强的。

🦎 双亲抚育策略

世界上的任何一种生物都摆脱不了一项艰巨的使命，那就是繁衍后代。在漫长的演化过程中，不同的物种形成了适合自己的繁衍模式，这使它们生生不息地生存在大自然中。箭毒蛙也形成了独具特色的亲代抚育策略，它们是称职的父母，不像其他蛙类那样产下大量的卵后就扬长而去。箭毒蛙是不会抛弃自己的后代不管的，并由雌雄双方共同抚育，一夫一妻制的配偶关系会持续整个繁殖期。

雌性箭毒蛙会将孵化的蝌蚪背在身后，将它们运到足以使它们长大的水坑里。

草莓箭毒蛙

体长：17～22 毫米	分类：无尾目箭毒蛙科
食性：肉食性	特征：身体呈艳丽的红色和黄色，腿部为钴蓝色

🦎 小身体，大毒素

箭毒蛙的体形大多很小很小，一般都不超过 5 厘米，但是身上的毒素却不容小觑。曾有科学家在南美研究箭毒蛙的时候，亲身感受到了箭毒蛙的厉害。当时他在丛林里解剖一只小小的箭毒蛙，不小心划破了手指。他赶快挤压伤口，阻断血液循环并吸吮伤部，但仍感到胸口很闷，觉得自己就要死了。经过了两个小时，他才慢慢有了好转。好在处理得及时，不然真的会有生命危险。

眼镜蛇

致命毒液喷射者

致命的眼镜蛇

眼镜蛇具有可怕的毒素，让人感到非常恐惧。眼镜蛇每次释放毒素之前都会做出很明显的动作。它们会将身体前段竖立起来，同时收紧颈部，使两侧颈部膨胀，并且发出"呼呼"的声音。眼镜蛇咬住猎豹，它们会从牙齿注射毒液，麻痹猎物的神经系统，使猎物马上毙命。

舟山眼镜蛇

体长：1～2米	分类：有鳞目眼镜蛇科
食性：肉食性	特征：颈部的肋骨可以张开形成一个类似扇子的结构，上面有类似眼镜的花纹

毒蛇是长相恐怖又带有毒素的生物，让人又惧又怕。眼镜蛇是其中最让人感到恐怖的毒蛇。眼镜蛇分布较广，在热带和亚热带区域至少生存着25种眼镜蛇，其中有10种可以直接向猎物眼睛中喷射毒液，导致猎物失明，绝对是丛林中最凶狠的捕猎者。眼镜蛇上颌骨较短，前端具有沟牙，能够喷射毒液。即使牙齿被拔掉，也会重新长出来。它们喜欢生活在平原、丘陵、山区的灌木丛或竹林里，也会出现在住宅区附近。它们的食性很广泛，蛇、蛙、鱼、鸟都是它们捕食的对象。

扫一扫

扫一扫画面，小动物就可以出现啦！

头部呈椭圆形，头部和背部对称分布着大鳞片。

口腔前端有沟牙，牙齿较小。

颈部皮肤有褶皱，可膨胀，向对手示威。

 ## 行走在危险边缘的耍蛇人

在印度，有人冒着生命危险与蛇一起工作，他们就是传统的耍蛇人，他们靠着耍蛇来养家糊口。耍蛇时，耍蛇人要激起蛇的愤怒，使它们挺起胸膛，鼓起脖子，同时也要想尽办法避免自己被蛇咬到。他们对危险把控得非常精准，令人叹服。

蛇蜕是什么

蛇蜕就是蛇在蜕皮时脱下的皮。这种自然蜕皮的能力被人们神化，人们认为这相当于一次重生。在蜕皮时，蛇的外层皮肤会脱落，留下一层薄薄的蛇蜕，蛇蜕上面还可以清晰地看到鳞片的印记。蜕皮后的眼镜蛇浑身泛光，就像擦了一层油。进行一次蜕皮之后，在短期都不会再次蜕皮，直到受到化学或者其他生理因素的影响才会再次蜕皮。

响尾蛇

尾巴会发声的蛇

 ## 敏锐的探测系统

响尾蛇具有像猫一样灵敏的眼睛，眼睛下方有一对鼻孔和一对颊窝，颊窝是响尾蛇的热敏器官，大多数毒蛇都具备这种热感应系统，这能帮助它们探测周围不远处温度的微小变化。美国在空对空导弹上安装的"红外导引"装置就是从响尾蛇的热感器官中得到的启发。

菱背响尾蛇

体长：超过2米	分类：有鳞目蝰蛇科
食性：肉食性	特征：尾巴上有一个能发出声音的角质环，背部有菱形花纹

在沙漠中那些被风吹过的松沙地区，常常会听到"沙沙"的声音，那也许不是沙子的声音，而是响尾蛇在附近游荡。响尾蛇的尾部通过振荡可以发出响亮的声音，因为这样它们被人们称为响尾蛇。响尾蛇的大小不一，主要分布在加拿大至南美洲一带的干旱地区。它们主要以其他小型啮齿类动物为食，是沙漠中可怕的杀手。响尾蛇的毒素可以致命，即使是死去的响尾蛇也同样存在危险。

毒液

　　所有的响尾蛇都有毒，但是它们的毒液不会对它们自身造成伤害，即使咽下去，也不会中毒。不过在其他动物身上就没有那么幸运了，响尾蛇的毒性很强，它们属于管牙类毒蛇，主要通过牙齿注射毒素。被注入毒液的猎物很快就会晕厥、死亡。

皮肤呈黄绿色，背部分布着菱形黑褐斑。

会发声的尾巴

　　响尾蛇的尾巴是自身的警报系统，当危险来临，响尾蛇的尾部会发出"沙沙"的响声，那是响尾蛇发出的一种警示的声音。它们尾巴的尖端长着一种角质环，环内部中空，就像是一个空气振荡器，当它们不断摆动尾巴的时候就会发出响声，这样摆动尾巴并不会消耗它们很多的体力。

竹叶青蛇

隐藏在绿叶中

翠青蛇和竹叶青蛇的区别

竹叶青蛇和翠青蛇都是绿色的蛇，它们都在树上栖息，利用绿色的树叶作为自己的保护伞，看起来特别相似，那么我们要如何区分它们呢？翠青蛇体形要比竹叶青蛇体形大；竹叶青蛇有个三角形的大头，头顶有细小的鳞片，翠青蛇头呈椭圆形，头部鳞片要比竹叶青蛇大；竹叶青蛇有两只小小的眼睛，瞳孔呈红色椭圆形，翠青蛇眼睛很大，瞳孔呈黑色；竹叶青蛇的尾部较短，而翠青蛇的尾部细长。只要仔细观察，我们就可以发现它们之间细微的差别。

翠青蛇

竹叶青蛇

在海拔 150～200 米的山区树林里，躲藏着一种树栖蛇，它们被叫作竹叶青蛇。竹叶青蛇浑身翠绿的颜色让你很难在树丛中发现它们，它们两只眼睛的瞳孔呈红色，远远看去就像是翡翠上点缀了两颗红宝石。它们喜欢将自己的身体缠绕在溪边的小乔木上，姿态优美，仿佛是在跳舞。竹叶青蛇的食量很大，各种蛙、蝌蚪、蜥蜴、鸟和小型哺乳动物都会成为它们的盘中餐。长长的管牙标志着它们身带毒液，虽然毒性不大，但也足够保护自己了。

尾巴较短，具有缠绕性。

头部较大，呈三角形。

背部通体青绿色，头部、腹部和尾部呈淡黄色。

福建竹叶青蛇

体长：约75厘米	分类：有鳞目蝰科
食性：肉食性	特征：全身翠绿，尾巴为红色

 ## 强大的消化系统

　　竹叶青蛇常常在不平整的地面上爬行，它们是靠肚皮和地面的摩擦来消化食物的。它们的消化系统非常强大，从吞咽食物的时候就开始消化，有时还会将骨头吐出来。竹叶青蛇的毒液也是它们的消化液，在吞咽的过程中喷射的毒液会将动物的身体慢慢溶解。食物在胃中停留22～50小时的时候是消化的高峰期。消化的速度也和外界的温度有关，当温度达到25℃时，消化的速度会明显加快。

王蛇

蛇中之王

温柔的王蛇

虽然王蛇的名字听上去很霸气，但它们并不是凶狠无比的蛇，它们在蛇类中算是很温顺的种类。它们对生活环境的要求比较低，很少主动攻击人类。但是如果生命受到了威胁，它们也会绝地反击，有时会卷成球体并以排泄物喷向敌人。

加州王蛇

体长：0.6～1.2 米	分类：有鳞目黄颔蛇科
食性：肉食性	特征：身上有白色和黑色相间的环纹，无毒

王蛇又被叫作"皇帝蛇"，它们分布于广袤的北美大陆。王蛇的种类有很多，相貌也大不相同，它们通常呈黑色或者黑褐色，身上布满各式各样的条纹，有黄色或者白色环纹、条纹。之所以被称为王蛇，是因为它们本身是无毒蛇，却捕食其他蛇，尤其是毒蛇，而且它们对毒素都是免疫的。加州王蛇是王蛇中最普遍的种类，它们的鳞片表面光滑并带有光泽，还有多变的颜色，非常漂亮，在美国的沙漠、沼泽地、农田、草原随处可见，还被许多人当作宠物饲养，寿命长达 20 年。

王蛇的体色通常为黑色或者深褐色，带有黄色或白色不规则的条纹、环纹、横纹或斑点。

 牛奶蛇

在众多王蛇中有一种王蛇叫牛奶蛇，它们是一种无毒有益的王蛇，分布范围广。它们被称作牛奶蛇跟它们的颜色无关，而是来源于一个错误的传说。因为牛奶蛇经常出没在农场附近，被人误认为喜欢偷喝牛奶，就被叫成了牛奶蛇，其实它们是在捕捉老鼠和兔子。

壁虎
飞檐走壁

足部长有特殊结构，有黏着力，可在墙壁或光滑的平面上爬行。

大壁虎

体长：约35厘米	分类：蜥蜴目壁虎科
食性：肉食性	特征：足部有类似吸盘的结构，身上有红色和浅蓝色的斑点

壁虎为了逃生会挣断自己的尾巴，那并不是在自寻死路，而是在保护自己。壁虎是蜥蜴目中的一种，它们又被称作"守宫""四脚蛇"等。它们的皮肤上排列着粒鳞，脚趾下方的皮肤带有黏性，可以贴在墙壁或者天花板上迅速爬行。它们喜欢生活在温暖的地区，广泛分布于热带和亚热带的国家和地区，在人们居住的地方总能见到它们的踪影。壁虎属于变温动物，冬季要躲起来冬眠，不然就会死去。壁虎经常昼伏夜出，白天在墙壁的缝隙中躲起来，晚上才出来活动，主要捕食蚊、蝇、飞蛾和蜘蛛等，绝对是有益无害的小动物。

身体比较扁平，
分布着颗粒状鳞片。

小小的"肉垫"

　　壁虎有五个脚趾，每个脚趾下面都有一个"肉垫"，"肉垫"由成千上万根刚毛组成，刚毛的顶端带有上百个毛茸茸的"小刷子"，有强大的吸附力。壁虎在墙壁上的每一步都是靠着脚下的"肉垫"行走，据说壁虎脚上的吸附力能够抓起自身重量上百倍的重物。

变色龙

色彩伪装

会变色的伪装高手

变色龙可以随心所欲地变色，这是让它们最为骄傲的一项绝活。它们皮肤最初的颜色是绿色的，但它们可以将体色变成紫色、蓝色、褐色等，甚至多种颜色同时出现。它们的颜色可以随着环境、温度、心情的变化而变化，它们的这项伪装技能与其他动物的保护色一样，都是为了保护自己免遭袭击，能够在危险时刻安全地生存下来。

大自然的奇妙让我们不止一次地发出感叹。在撒哈拉以南的非洲和马达加斯加岛上生活着变色龙这种神奇的生物。它们可以通过调节皮肤表面的纳米晶体，来改变光的折射从而改变身体表面的颜色，变色的技能可以让它们在不同环境下伪装自己。变色龙的身体呈长筒状，有个三角形的头，长长的尾巴在身体后方卷曲着。它们是树栖动物，卷曲的尾巴可以缠绕在树枝上。变色龙主要捕食各种昆虫，长长的带有黏液的舌头是它们捕食的利器，舌尖上产生的强大吸力几乎没有一种昆虫能够成功逃脱。变色龙的性格孤僻，除了繁殖期以外都是单独生活。

身体细长，
两侧扁平，头部
长有骨质冠。

眼睑发
达，眼球能
转360°

高冠变色龙

体长：最长可达 60 厘米		分类：蜥蜴目避役科	
食性：肉食性		特征：头部有一个比较高的骨冠	

 特殊的技能

　　变色龙除了大家熟知的变色技能，还有动眼神功和吐舌绝活。变色龙的两只眼睛分布在头部两侧，眼睑发达，眼球能够分别转动360°，当它们左眼固定在一个方向时，右眼却可以环顾四面八方。它们的舌头很长，以至于在嘴里不能伸展，只能盘卷着。卷曲的舌头是它们捕猎的法宝，当猎物出现时，它们能够第一时间弹出自己的舌头，迅速将猎物卷进嘴里。

飞蜥体形较小，体侧长着半透明的翼膜，看上去就像是翅膀，在行动时能帮助它们滑行。

飞蜥口中长有细小的牙齿，有利于它们切割猎物。

尾巴较长，行动时体态轻盈。

飞蜥

长"翅膀"的蜥蜴

飞蜥	
体长：约20厘米	分类：有鳞目鬣蜥科
食性：肉食性	特征：身体两侧具有能展开的"翅膀"

　　飞蜥是蜥蜴中比较奇特的物种，它们分布于南亚和东南亚。它们长有发达的喉囊和三角形颈侧囊，体色多为灰色，常常生活在树上，以各种昆虫为食。飞蜥真的会飞吗？不，它们只会滑翔。飞蜥是蜥蜴界技艺高超的滑翔师，它们可以在仅仅下降2米的同时向前滑翔60米的距离。尾巴在"飞行"过程中起了重要的作用，它们利用尾巴在空中保持平衡和变换姿势，甚至实现空中大翻转。飞蜥对环境的适应能力强，繁殖率高，属于低危物种。

会滑翔的蜥蜴

　　想要飞行就一定要有翅膀，没有翅膀的蜥蜴到底是如何飞起来的呢？原来飞蜥的身体构造较为奇特，在它们的身体两侧有5～7对由延长的肋骨支持的翼膜，在林间滑翔时，翼膜向外展开就像翅膀一样。它们只能从高处滑翔到低处，不能由低处飞翔到高处。当它们爬行时不需要翼膜，翼膜就会像折叠扇一样折叠起来。

彩虹飞蜥

　　有一种飞蜥名叫彩虹飞蜥，它们分布于非洲的中部及西部，生活在干燥的环境中，常常出现在人们居住的地方。在夜晚彩虹飞蜥皮肤的颜色是灰色的，但是每当太阳一升起，它们就会变成彩虹般的混合体色，而且雄性的颜色更加明显。橙红色的头部，蓝紫色的四肢，看起来很像电影里蜘蛛侠的配色。它们不仅配色很像蜘蛛侠，也有着像蜘蛛侠一样敏捷的身手。它们虽然也叫飞蜥，却没有其他飞蜥的结构，既不会飞行也不会滑翔。

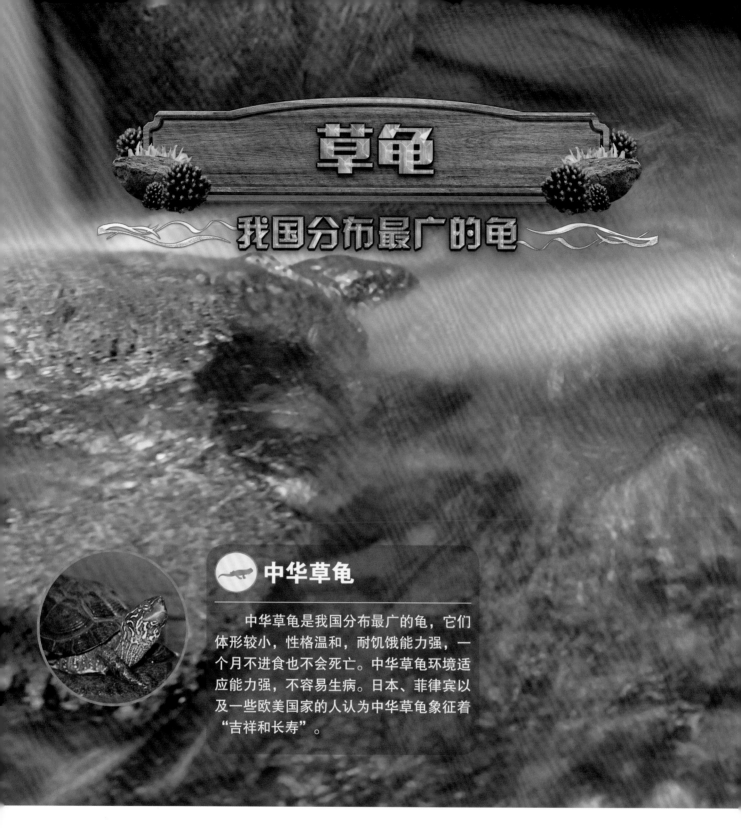

草龟

我国分布最广的龟

中华草龟

中华草龟是我国分布最广的龟，它们体形较小，性格温和，耐饥饿能力强，一个月不进食也不会死亡。中华草龟环境适应能力强，不容易生病。日本、菲律宾以及一些欧美国家的人认为中华草龟象征着"吉祥和长寿"。

草龟，又被叫作"乌龟""墨龟"等，是一种体形较小的龟，主要分布在中国、日本和韩国等地。它们栖息在江河、湖泊之中，也可以在陆地上爬行。最喜欢的食物是小鱼和小虾，也会吃一些玉米、水果等。草龟的生长速度比较缓慢，常常五六年都长不到 500 克重，成年以后体形也不是很大。

草龟	
体长：10～25厘米	分类：龟鳖目龟科
食性：杂食性	特征：体形很小，生长速度缓慢

成年的雄草龟全身体色
（包括眼珠）会变成墨黑色。

遇到危险
会把头和四肢
缩进背甲内。

背甲比较扁
平，有竖向棱纹。

 ## 性别的分辨

　　草龟的背甲中间有三条竖向隆起的棱，中间一条最长也最高，两边的呈对称分布，略矮短一些。草龟在小的时候，雌性与雄性的外表没有很大的区别，人们只能通过体形大小、尾巴的长短和腹甲处是否有凹陷来分辨它们的性别。通常情况下，体形稍大一些，尾巴较短且腹甲平坦的是雌草龟。成年的草龟分辨性别就很容易了，全身墨黑的一定是雄草龟，雌草龟的体色一般终生不变，体形也比同龄的雄龟稍大。

扬子鳄

我国特有的鳄鱼

我国国宝

扬子鳄是我国特有的鳄鱼，也是中国唯一的本土鳄鱼种类。它们性情温顺，极少攻击人类，在生存范围内，天敌很少，但是温顺的性格却让它们成了捕猎者的目标，因此扬子鳄的数量减少了许多。现在，它们已经被我国列为国家一级保护动物，和大熊猫一样是我国的国宝。

趾间有蹼，既能在陆地爬行也能在水里游泳。

扬子鳄属于短吻鳄，是鳄鱼中体形较小的一种。它们大多数体长不超过2米，头部比较扁平，四肢粗短，尾巴上面长有硬鳞。扬子鳄是中国特有的鳄鱼，栖息在长江流域。因为它们栖息的长江下游河段旧称为"扬子江"，所以它们被称为扬子鳄。扬子鳄喜欢栖息在湖泊、沼泽或杂草丛生的安静地带，通常白天在洞穴里休息，夜晚才会出来捕食。

扫一扫

扫一扫画面，小动物就可以出现啦！

扬子鳄

体长：90～180厘米	分类：鳄形目鳄科
食性：肉食性	特征：体形较小，四肢短粗

扬子鳄体形较小，头部扁平，四肢短粗。

尾巴较长，粗壮，能帮助它们游泳和防御。

扬子鳄的挖洞本领

　　扬子鳄喜欢生活在洞穴之中，它们有着超强的挖洞穴本领，常常在有需要的时候就挖一个洞口出去，所以它们的洞穴会有多个洞口，洞穴的内部构造像迷宫一样。虽然扬子鳄的体形较小，但是它们的食量却很大。它们忍耐饥饿的能力很强，常常在体内储存大量的营养物质，可以维持很长时间不吃东西。

凯门鳄

"戴眼镜" 的鳄鱼

双眼之间有肉质突起，看起来像眼镜框架。

嘴巴稍长，前端略突起。

凯门鳄是鳄鱼中体形偏小的种类，它们的尾巴较长，体长 1.2～2.1 米，是水陆两栖的爬行动物，在水中行动非常灵敏。凯门鳄分布在中美洲和南美洲的江河、湖泊之中，主要捕食昆虫和中小型鱼等。它们攻击力较弱，对环境的适应能力超强，已经成为一些国家的入侵物种。

眼镜凯门鳄

| 体长：1.2～2.1 米 | 分类：鳄形目短吻鳄科 |
| 食性：肉食性 | 特征：双眼间有肉质突起 |

凯门鳄体形较小，
尾巴较长。

 ## 捕食策略

　　由于体形较小，凯门鳄只捕食一些小型的鱼、鸟和哺乳动物。它们在捕食的时候，有时会采取"突然袭击"的策略，在水中不动声色，然后对靠近的猎物进行偷袭。有时它们也会采用"驱赶捕鱼"的方法，用身体或尾巴把猎物驱赶到狭窄的地方，猎物无处可逃，它们捕食起来也就容易多了。凯门鳄知道体形小是它们的劣势，所以几乎不会去捕食大型动物，但是有大型动物攻击它们的时候，它们也会顽强地抵抗。